STELIANA TASE

MEMORIZZATORE – GUIDA DI MATEMATICA

Parte Iᵃ

Associazione dei Genitori e dei Professori Ortodossi
„St. Gregorio Palamas"
Scuola „Santi Martiri Brâncoveni"
Constanta
2015

Associazione dei Genitori e dei Professori Ortodossi
„St. Gregorio Palamas
 Scuola „Santi Martiri Brâncoveni"
+40731 749 328
manualeromanesti@gmail.com
www.manualeromanesti.ro
ISBN-13: 978-1517790813
ISBN-10: 1517790816

PREFAZIONE

Di solito, la prefazione non viene letta. La maggior parte delle persone si sta affrettando a raggiungere il contenuto effettivo. Se leggete queste righe, allora significa che non appartenete alla detta categoria. Significa che non fatte fretta a raggiungere gli esercizi, ma che volete, primamente, capire le intenzioni dell'autore.

Questo è un lavoro speciale. Non è un manuale, non è una raccolta di esercizi, ma è una *guida*. Cosa significa *guidare*? Guidare significa mostrare la strada corretta e prestare un aiuto su questa strada. La matematica è una scienza bellissima, però, come dice l'accademico Solomon Marcus, è una bellezza nascosta agli alunni, a causa di alcuni curricoli scolastici erroneamente costruiti, troppo caricati di questioni secondari e senza sufficienti relazioni con la vita quotidiana.

Il libro che state leggendo vi mostra una strada elegante nella matematica della scuola media, cosi che potrete godere della bellezza di questa scienza.

Quando ho letto per la prima volta il manoscritto, mi sono ricordato delle speciali lezioni degli anni '90, sostenute da alcuni grandi maestri, professori della Facoltà di Matematica di Bucarest. Si tratta del professore universitario dott. Laurenţiu Panaitopol e del professore associato dott. Gheorghe Mocanu. Ho ritrovato l'eleganza, la concisione e la chiarezza delle lezioni di questi grandi maestri nelle pagine della *Guida* che state leggendo adesso. Insegnata in questo modo, la matematica si può leggermente memorizzare. Perciò, *la Guida* è anche un buon *memorizzatore.*

Raccomando questo libro ai professori/docenti di matematica, ai genitori e agli alluni, con la speranza che li sia molto utile. Per i professori è uno strumento di lavoro, per i genitori è un sostegno, e per gli alluni, una buona guida e un buon memorizzatore.

La matematica non deve essere un motivo d'inimicizia e d'invidia a tramite di una gara selvaggia condotta dalla legge della giungla ("vince il più forte").

La corsa alla caccia di premi solo per l'amor dei premi non è specifica per l'autentica ambiente intellettuale. La matematica è, in primo luogo, un metodo per disciplinare la mente, i suoi risultati (applicati in fisica, chimica, biologia, medicina, pedagogia, psicologia, economia) devono essere utilizzati solamente per il bene dell'umanità.

Queste applicazioni necessitano un'attività in squadra e gli alluni devono essere guidati piuttosto verso la cooperazione che verso la competizione. In tal modo, la scienza contribuisce al consolidamento delle relazioni tra le persone.

Professore **Ioan Vlăducă,**
Direttore scientifico
della Scuola « Santi Martiri Brâncoveni »

INTRODUZIONE

Perché si chiama Memorizzatore – Guida? La teoria sarà seguita da esercizi a titolo di esempi e cosi gli alluni capiranno come viene applicata la teoria e spero che non lavorino più meccanicamente. Se gli alluni impareranno benissimo la teoria, le idee arriveranno appena letta l'ipotesi.

Ad esempio, se avremo una divisione con residuo, penseremo al teorema della divisione con resto, se avremo bisettrici e paralleli, penseremo agli angoli uguali e agli angoli determinati da paralleli intersecati da una secante.

Questo memorizzatore, avendo accanto alla teoria anche esercizi a titolo di esempio, potrà essere utilizzato da tutti gli alluni, compresi quelli meno talentati in matematica, i quali, se impareranno benissimo la teoria, allora realizzeranno che la matematica non è difficile.

Provate e vedrete che ho ragione, tanto di più che non si tratta di molta teoria, alcune formule potranno essere dedotte e sarà più facile a ritenerle.

Ho iniziato a lavorare su questo memorizzatore con la benedizione ricevuta dal buono e speciale Padre Archimandrita Arsenie Papacioc. Ecco che mi disse:

"La radice del male è l'ignoranza. Non lo è l'amor per il denaro, ma l'ignoranza, dicono i Santi Padri. Perché se non hai saputo, devi motivare perché non lo hai saputo, perché sei stato pigro, non hai imparato, essendo guidato di quelli che avevano la qualità di guidarti e il potere di dirtelo. Cosi che l'indolenza ti costa, è anche un grande peccato, come avremmo detto: "la santa" indolenza e "il grande martire" sonno ... E allora sicuramente che nella vita facciamo il nostro dovere e stiamo bene, impariamo specialmente in matematica; questa e una scienza positiva, non sono tollerate le deviazioni, non si può dire "vedrò io", però serve la conoscenza, la scienza ... È bene conoscere la matematica, perché ovunque andrai, dovrai fare dei calcoli, dappertutto bisogna fare i propri calcoli, specialmente sui tuoi problemi intimi ...".

E io affermo che non esiste alluno che sappia la matematica e abbia voti minori alle altre materie, perché la matematica è uno sport della mente e ti aiuta a pensare a tutte le altre materie e in qualsiasi momento della vita.

E dico ancora che, se il Buon Dio ci ha regalato la mente, sarebbe un peccato non utilizzarla.

Vi auguro tanto successo!

Professore **Steliana Tase**

MEMORIZZATORE – GUIDA DI MATEMATICA

Contenuto

SIMBOLI LOGICI E MATEMATICI...9

Capitolo I. L' INSIEME DEI NUMERI NATURALI 13

1.1 I numeri naturali 13

1.2 Decomposizione di un numero naturale a base 10 14

1.3 Operazioni con numeri naturali 15

1.3.1 Addizione e sottrazione...15

1.3.2 Moltiplicazione e divisione Il risultato della moltiplicazione si dice prodotto. Moltiplicando · moltiplicatore = prodotto...............15

1.4 Confronto dei numeri naturali 16

1.5 Fattore comune...17

1.6 La divisione euclidea (teorema della divisione con resto)..............18

1.7 Equazioni e disequazioni 18

1.8 Risolvere dei problemi con l'aiuto delle equazioni.......................20

1.9 L' ordine di esecuzione delle operazioni e l'utilizzo delle parentesi 22

1.10 Divisibilità dei numeri naturali. Divisore, multiplo 23

1.11 Criteri di divisibilità..24

1.12 Numeri primi e numeri composti...26

1.13 Potenze con indici naturali di numeri naturali............................27

1.14 Regole di calcolo con potenze 28

1.15 Denominazione indici di misure...29

1.16 Decomposizione dei numeri naturali in prodotto di fattori primi29

1.17 Divisore comune, multiplo comune 31

1.18 Le proprietà della relazione di divisibilità dei numeri naturali....32

1.19. Esercizi risolti 35

Capitolo II. INSIEMI..43

2.1 Definizioni. Operazioni con insiemi..43

2.2 Esercizi risolti 45

Capitolo III. NUMERI RAZIONALI 47

3.1 Frazioni ordinarie. Rapporti. Proporzioni 47

3.2 Operazioni con frazioni ordinarie 49

3.2.1 Addizione e sottrazione delle frazioni 49

3.2.2 Estrazione degli interi dalla frazione. Inserimento degli interi nella frazione 50

3.2.3 Moltiplicazione delle frazioni...52

3.2.4 Semplificazione delle frazioni 52

3.2.5 Divisione delle frazioni 53

3.2.6 La potenza ad indice naturale di un numero frazionare 53

3.3 Confronto dei numeri frazionari 54

3.4 Esercizi 55

3.5 Trovare la frazione di un numero. Percentuali..............................56

3.6 Frazioni decimali..58

3.6.1 Trasformazione delle frazioni ordinarie in frazioni decimali...59

3.6.2 Trasformazione delle frazioni decimali finite in frazioni ordinarie...59

3.7 Confronto delle frazioni decimali. Aprossimazioni......................60

3.8 Operazioni con frazioni decimali 61

3.8.1 Addizione e sottrazione...61

3.8.2 Moltiplicazione 62

3.8.3 La divisione...63

3.9 Frazioni decimali periodiche...64

3.10 Media aritmetica 65

Capitolo IV. ELEMENTI DI GEOMETRIA E UNITÀ DI MISURA.........66

4.1 Punto. Retta. Piano...66

4.2 L'angolo 67

4.3 Il triangolo 68

4.4 Quadrilateri 70

4.5 Corpi geometrici...71

4.6. Unità di misura per la lunghezza 72

4.7 Unità di misura per l'area 74

4.8. Unità di misura per il volume..77

4.9 Unità di misura per la capacità 78

4.10 Unità di misura per la massa 79

4.11 Unità di misura per il tempo...79

SIMBOLI LOGICI E MATEMATICI

Simbolo	Significato	Esempi
$\Rightarrow$	Risulta	$x - 1 = 2 \Rightarrow x = 3$
$\Leftrightarrow$	Equivalente	$x = 2 \Leftrightarrow x + 1 = 3$
$\forall$	Qualsiasi	$\forall n$ qualsiasi sarebbe n
$\exists$	Esiste	$\exists n$ esiste n
$\nexists$	Non esiste	$\nexists n$ non esiste n
$=$	Uguale	$2 = 2$
$\neq$	Non è uguale	$2 \neq 3,\ 2 \neq 1$
$+$	L'Operazione di addizione	$2 + 3 = 5$
$-$	L'Operazione di sottrazione	$4 - 1 = 3$; -2 è l'opposto di 2
$\cdot$	L'Operazione di moltiplicazione	$2 \cdot 3 = 6$
$:$	L'Operazione di divisione	$6 : 3 = 2$
$<$	Strettamente minore (più piccolo)	$2 < 3$
$>$	Strettamente maggiore (più grande)	$5 > 2$
$\leq$ oppure $\leqslant$	Più piccolo o uguale	$2 \leq 3$; $2 \leq 2$
$\geq$ oppure $\geqslant$	Più grande o uguale	$4 \geq 1$ $4 \geq 4$
$\square$	Divisibile	$12 \square 3$
$\not{/}$	Non è divisibile	$7 \not{/} 2$
$\mid$	Divide	$3 \mid 12$
$\nmid$	Non divide	$2 \nmid 7$
$\mid$	Effettuare un'operazione in entrambi i membri di un'uguaglianza	$x + 2 = 5$ $\mid$ -2 $\quad x = 3$

(m, n)	Il Massimo Comun Divisore dei numeri m, n. $(m, n) = \text{MCD}\,(m, n)$	$(4, 6) = 2$
$[m, n]$	Il Minimo Comune Multiplo dei numeri m, n. $[m, n] = \text{MCM}\,(m, n)$	$[2, 5] = 10$
$\{x_1, ..., x_n\}$	L'insieme formato dagli elementi $x_1, x_2, ..., x_n$	$A = \{1, 3, 7\}$
$\in$	Appartiene. $x \in M$, x appartiene all'insieme M	$2 \in \{3, 2, 7\}$
$\notin$	Non appartiene	$5 \notin \{1, 3\}$
$\subseteq$	Inclusione. $A \subseteq B$ L'insieme A è incluso in B	$\{1,2\} \subseteq \{1,2\}$
$\subset$	Inclusione stretta	$\{1\} \subset \{1,2\}$
$\not\subseteq$	$A \not\subseteq B$ A non è inclusa in B	$\{1,2\} \not\subseteq \{2, 3\}$
$\cup$	Riunione di insiemi	$\{1, 2\} \cup \{2, 3\} = \{1, 2, 3\}$
$\cap$	Intersezione di insiemi	$\{1, 2\} \cap \{2, 3\} = \{2\}$
$\setminus$	Differenza di insiemi	$\{1, 2, 3\} \setminus \{2\} = \{1, 3\}$
$C_B A$	La complementare dell'insieme A rispetto B, per $A \subset B$	$A = \{1\}$, $B = \{1, 2, 3\}$ $C_B A = \{2, 3\}$
$A \times B$	Prodotto cartesiano degli insiemi A e B	$\{1\} \times \{2, 4\} = \{(1, 2), (1, 4)\}$
$A \triangle B$	Differenza simmetrica	$\{1, 2\} \triangle \{2, 4\} = \{1, 4\}$
Φ	Insieme vuoto	$\{1, 2\} \cap \{3, 4\} = \Phi$
Card M oppure $|M|$	Il Cardinale dell'insieme M	$\text{Card}\,\{4, 5, 7\} = 3$
$P\,(A)$	L'insieme delle parti dell'insieme A	$P\,(\{1, 2\}) = \{\Phi, \{1\}, \{2\}, \{1, 2\}\}$
a^n	Potere $a^n = a \cdot a \cdot \ldots \cdot a$ (n fattori)	$2^3 = 2 \cdot 2 \cdot 2 = 8$

$\dfrac{a}{b}$ oppure a/b	Frazione	1/2 = 0, 5
Δ	Triangolo	Δ ABC
$\perp$	La relazione di perpendicolarità	a $\perp$ b
$\parallel$	La Relazione di parallelismo	a $\parallel$ b

Capitolo I. L' INSIEME DEI NUMERI NATURALI

1.1 I numeri naturali

I numeri **naturali** sono: {0, 1, 2, 3, …, 9, 10, 11, … }.

Questi possono rappresentare oggetti reali o elementi della natura.[1] Il simbolo di questo insieme è **N**, e **N*** significa la moltitudine dei numeri naturali non nulli, non contenenti il zero. Le cifre sono: {0, 1, 2, 3, 4, 5, 6, 7, 8, 9} .

Attenzione! Alcuni alunni non fanno la distinzione tra cifre e numeri. Il numero 12 è composto da due cifre: la cifra delle unità (2) e la cifra dei decimi (1).

I numeri **pari** sono: 0, 2, 4, 6, 8, 10, 12, …

I numeri **dispari** sono: 1, 3, 5, 7, 9, 11, 13, 15, …

Un numero pari non conosciuto si scrive $2k$, ove k è un numero naturale. Ad esempio, per $k = 3$ si ottiene il numero pari $2k = 2 \cdot 3 = 6$. I numeri pari si possono scrivere cosi: $\{0, 2, 4, … , 2k, 2k + 2,… \}$

I numeri dispari non conosciuti si scrivono $2k + 1$ oppure $2k - 1$, ove k è il numero naturale. I numeri dispari si possono scrivere cosi: $\{1, 3, 5, … , 2k + 1, 2k + 3, … \}$.

Ad esempio, per $k = 2$, $2k + 1 = 2 \cdot 2 + 1 = 4 + 1 = 5$, e $2k - 1 = 2 \cdot 2 - 1 = 4 - 1 = 3$.

I numeri **consecutivi** si scrivono: $a, a + 1, a + 2, a + 3,…$; i numeri dispari o pari consecutivi si scrivono: $a, a + 2, a + 4, a + 6,…$.

Esempi:

5, 6, 7, 8 sono quattro numeri naturali consecutivi;

4, 6, 8 sono tre numeri pari consecutivi;

3, 5, 7 sono tre numeri dispari consecutivi.

---

[1] Ad esempio, 5 mele, 4 ciliegie, 10 bambini. Esistono anche numeri interi negativi: -1, -2, -3, ecc., i quali possono rappresentare temperature. Ad. esempio, -10° C.

Esercizi risolti

1) Trova i quattro numeri interi consecutivi, sapendo che la loro somma è 94.

a + (a+1) + (a+2) + (a+3) = 94 $\Rightarrow$ a+a+1+a+2+a+3 = 94 $\Rightarrow$ 4a + 6 = 94 $\Rightarrow$ 4a = 94 –6 (ricordare di cambiare i segni quando si sposta da un membro all'altro dell'uguaglianza) 4a = 88 $\Rightarrow$ a = 88 : 4 $\Rightarrow$ a = 22. Quindi, i numeri sono: 22, 23, 24, 25.

2) Trova i tre numeri pari consecutivi di cui la somma è 138 .

a + (a + 2) + (a + 4) = 138 $\Rightarrow$ 3a + 6 = 138 $\Rightarrow$ 3a = 138 - 6 $\Rightarrow$ 3a = 132 $\Rightarrow$ a = 132 : 3, a = 44. Quindi, i numeri sono: 44, 46, 48 .

3) Trova i quattro numeri dispari consecutivi, sapendo che la loro somma è 80.

a + (a + 2) + (a + 4) + (a + 6) = 80 $\Rightarrow$ 4a + 12 = 80 $\Rightarrow$ 4a = 80 – 12 $\Rightarrow$ 4a = 68, a = 17 $\Rightarrow$ i numeri sono 17, 19, 21, 23 .

1.2 Decomposizione di un numero naturale a base 10

Un numero sconosciuto, scritto in base 10, composto da 2 cifre viene notato $\overline{ab}$ e si descompone cosi: $\overline{ab}$ = 10a + b. Se il numero èformato da 3 cifre, allora avremo: $\overline{abc}$ = 100a + 10b + c. Adesso spiegheremo perchè viene scomposto in questo modo: perchè **a** occupa il luogo delle centinaia, **b** occupa il luogo delle decine e **c** occupă il luogo delle unità. Se il numero è formato da 4 cifre, avremo: $\overline{abcd}$ =1000a + 100b + 10c + d

Esercizio

$\overline{ab}$ +2 $\overline{ab}$ +3 $\overline{ba}$ =330. Trova il numero $\overline{ab}$.

10a + b + 2(10a+b) + 3(10b + a) = 330

10a+b + 20a +2b + 30b + 3a = 330

33a +33b =330 $\Rightarrow$ 33(a+b) = 330 | : 33 $\Rightarrow$

a+b = 10 , perchè a e b sono delle cifre abbiamo le seguenti soluzioni:

se $\quad$ a=1 $\Rightarrow$ b = 9 $\Rightarrow$ $\overline{ab}$ = 19

$\quad\quad\quad$ a=2 $\Rightarrow$ b = 8 $\Rightarrow$ $\overline{ab}$ = 28, analogamente le altre.

Otteniamo le soluzioni:

$$\overline{ab} = \{ 19, 28, 37, 46, 55, 64, 73, 82, 91\}$$

1.3 Operazioni con numeri naturali

1.3.1 Addizione e sottrazione

Sono termini uguali :
- i termini aventi la stessa incognita (lettera);
- i termini liberi (cioè i numeri naturali senza lettere).

I termini uguali si riducono. Ad Es.: 2a + 3b + 4a − b + 9 + 5b − 3 = 6a + 7b + 6, i termini uguali si sono ridotti. Da due termini che contenevano l'incognita a, abbiamo ottenuto uno solo, cioè da 2a + 4a = 6a; da 3 termini uguali, cioè quelli che contengono l'incognita b, in seguito alla riduzione si è ottenuto un termine solo, cioè: 3b − b + 5b = 7b e i termini liberi: 9 − 3 = 6.

$\quad$ L'opposto di a è − a. I numeri opposti si riducono, tagliandoli con linea obliqua.

$\quad\quad$ termine + termine = somma ,

$\quad\quad$ minuendo - sottraendo = differenza

Le proprietà dell'addizione:

$\quad$ a) la proprietà commutativa : a + b = b + a, $\forall$ a, b $\in$ **N** ($\forall$ è il simbolo per *qualunque sia*)

$\quad$ b) la proprietà associativa: a + (b + c) = (a + b) + c, $\forall$ a, b, c $\in$ **N**

$\quad$ c) l'elemento neutro dell'addizione e della sottrazione è il zero : a + 0 = a; 0 + a = a, $\forall$ a $\in$ **N**.

1.3.2 Moltiplicazione e divisione

Il risultato della moltiplicazione si dice prodotto.

Moltiplicando $\cdot$ moltiplicatore = prodotto

I numeri che vengono moltiplicati si dicono fattori. Non dobbiamo confondere i termini dell'addizione con i fattori della moltiplicazione!

Esempio: $3 \cdot 4 = 12$, il 3 si dice moltiplicando, il 4 moltiplicaore e il 12 prodotto. I numeri 3 e 4 sono fattori.

Il risultato della divisione si dice quoto (=quoziente).
Dividendo : divisore = quoto (=quoziente).
Lo zero diviso a qualunque numero naturale diverso dello zero ci da il risultato zero..

Osserviamo che:

$$2 \cdot 3 = 3 \cdot 2 \qquad (= 6 \text{ in entrambi i casi})$$
$$(3 \cdot 2) \cdot 5 = 3 \cdot (2 \cdot 5) \quad (= 30 \text{ in entrambi i casi})$$
$$4(2 + 3) = 4 \cdot 2 + 4 \cdot 3 \quad (= 20 \text{ in entrambi i casi})$$

Le proprietà della moltiplicazione dei numeri naturali:

a) la proprietà commutativa: $a \cdot b = b \cdot a, \quad \forall \, a, b \in \mathbf{N}$
b) la proprietà associativa : $(a \cdot b) \cdot c = a \cdot (b \cdot c) , \forall \, a, b ,c \in \mathbf{N}$
c) l'elemento neutro è l' uno : $a \cdot 1 = 1 \cdot a = a, \forall \, a \in \mathbf{N}$
d) il prodotto tra qualunque numero naturale e lo zero è zero;
$\quad a \cdot 0 = 0, \ \forall \, a \in \mathbf{N}$
e) la proprietà distributiva rispetto l'addizione e la sottrazione:
$\quad a(b + c) = ab + ac$
$\quad a(b - c) = ab - ac, \forall \, a, b ,c \in \mathbf{N}.$

La divisione a zero non ha senso.

1.4 Confronto dei numeri naturali

Se **a** è minore a **b** si scrive: $a < b$. Alcuni studenti confondono il segno minore ($<$) con il segno maggiore ($>$). Sull'asse dei numeri naturali osserviamo che i numeri più sono a sinistra, tanto di più sono minori e più sono a destra, tanto di più sono maggiori, quindi:

$$0 \quad 1 \quad 2 \quad 3 \quad 4 \quad 5 \quad 6 \quad 7 \quad 8 \quad 9 \quad 10 \quad 11 \quad 12 \quad 13 \quad 14 \quad 15$$

$$< \qquad >$$

Esempio : $5 > 2$ și $3 < 7$.

Per qualsiasi due numeri naturali a e b esiste una delle seguenti relazioni:

a < b (a è minore a b, esempio: $3 < 5$)
a = b (a è uguale a b, esempio: $3 = 3$)
a > b (a è maggiore a b, esempio: $5 > 4$)
a ≤ b (a è minore o uguale a b, exemplu: $5 \leq 5$)
a ≥ b (a è maggiore o uguale a b, esempio: $12 \geq 9$)

Sia l'uguaglianza che la disuguaglianza dei numeri naturale hanno la proprietà che si dice **proprietà transitiva:**

1) se a < b e b < c , allora a < c , es: $2 < 3$ e $3 < 5$, allora $2 < 5$.
2) se a ≤ b e b ≤ c , allora a ≤ c , es: $2 \leq 3$ e $3 \leq 5$, allora $2 \leq 5$.
3) se a = b e b = c , allora a = c .

Questa proprietà si utilizza molto spesso quando dobbiamo comparare dlle potenze e non possiamo portare allo stesso indice/esponente e alla stessa base.

1.5 Fattore comune

$$ab + ac = a(b + c) \qquad \text{oppure} \qquad ab - ac = a(b - c)$$

Il fattore comune è a.

Esempio: $18a + 45b = 9 \cdot 2a + 9 \cdot 5b = 9(2a + 5b)$. Il fattore comune è 9.

Esercizi

1) Se $x = 9$ e $a + b = 5$, allora $4x + 3a + 3b = ?$

Si osserva il fattore comune 3, quindi: $4x + 3(a + b) = 4 \cdot 9 + 3 \cdot 5 = 36 + 15 = 51$

2) Calcolate $2xa + 3xb + 4a + 6b$ conoscendo che $2a + 3b = 13$ e $x = 6$.

Ai primi due termini abbiamo fattore comune l' x e adi successivi due termini abbiamo fattore comune il 2, quindi: $2xa + 3xb + 4a + 6b = x(2a + 3b) + 2(2a + 3b) = 6 \cdot 13 + 2 \cdot 13 = 78 + 26 = 104$.

1.6 La divisione euclidea (teorema della divisione con resto)

Dividendo (D) = divisore (d) · quoziente (Q) + resto (R), con la proprietà che il resto è minore al divisore (resto < divisore).

$$D = d \cdot Q + R \qquad 0 \leq R < d$$

Quando non abbiamo resto (resto = 0), allora possiamo scrivere:

$$D = d \cdot Q$$

Esercizio. La somma di due numeri è 26. De dividiamo il numero maggiore al numero minore, otteniamo il quoziente 7 e il resto 2. Quali sono i numeri?

$a + b = 26$

$a : b = 7$ și r = 2 quindi abbiamo una divisione con resto e applicheremo la divisione euclidea $a = b \cdot 7 + 2$, $2 < b$

Se sostituiamo in $a + b = 26$ l' a di $a = b \cdot 7 + 2$, otterremo:

$7b + 2 + b = 26 \Rightarrow 8b = 26 - 2 \Rightarrow 8b = 24 \Rightarrow b = 24 : 8 \Rightarrow b = 3$

e se sostituiamo il b nell' $a = 7b + 2$, avremo $a = 7 \cdot 3 + 2 \Rightarrow a = 21 + 2$, quindi $a = 23$ e b -3.

1.7 Equazioni e disequazioni

L'**equazione** è un'uguaglianza avente almeno una incognita.

La forma generale dell'equazione è:

$$ax + b = 0,$$

a si dice coefficiente, **x** è l' incognita, radice o soluzione, e **b** si dice termine libero.

La **disequazione** è una disuguaglianza avente almeno una incognita. La forma generale della disequazione è:

$$ax + b > 0, \text{ oppure } ax + b < 0,$$

oppure possiamo avere i segni ≥ (maggiore o uguale) oppure ≤ (minore o uguale).

Quando si dice che l'espressione è:

- strettamente positiva, si mette il segno > 0
- strettamente negativa, < 0
- positiva, ≥ 0
- negativa, ≤ 0.

Possiamo risolvere un'equazione con due metodi:

1) metodo dell'operazione inversa. Separiamo le conosciute dalle incognite; quando si passa da una parte all'altra dell'uguale o del disuguale si cambia il segno.

Esempi:

a) $x + 8 = 12$, $x = 12 - 8$, abbiamo portato l' 8 sulla sinistra, dove avevail segno + , sulla destra avendo il segno – e abbiamo ottenuto $x = 4$.

b) $2x - 3 = 15$, $2x = 15 + 3$, $2x = 18$, $x = 18 : 2$, $x = 9$.

c) Risolvere la disequazione $x + 2 < 5$ nell'insieme dei numeri naturali.

$x < 5 - 2$, $x < 3$, quindi $x \in \{0, 1, 2\}$

d) Risolvere la disequazione $3x + 5 > 34 + 2x$, nell'insieme dei numeri naturali.

$3x - 2x > 34 - 5$, $x > 29$, $x \in \{30, 31, 32, 33,...\}$

e) $4x - 21 \leq 3$, $4x \leq 21 + 3$, $4x \leq 24$, $x \leq 24 : 4$, $x \leq 6$, $x \in \{0, 1, 2, 3, 4, 5, 6\}$, compreso 6 perché abbiamo il segno minore e uguale, essendo quindi anche uguale contiene anche il 6. Al punto d) essendo solamente maggiore, senza uguale, non contiene anche il 29.

f) $3(2x + 5) - 7 \leq 2x + 20 \Rightarrow 6x + 15 - 7 \leq 2x + 20 \Rightarrow 6x - 2x \leq 20 - 8$ (abbiamo ottenuto l' 8 da $15 - 7$) $\Rightarrow 4x \leq 12 \Rightarrow x \leq 3$, quindi $x \in \{0, 1, 2, 3\}$.

2) metodo della bilancia. L'operazione si effettua alla sinistra dell'uguale o del disuguale, si effettua anche alla destra, proprio per cio si dice che è il metodo della bilancia.

Se pensiamo ad una bilancia, ci renderemo conto come si lavora con questo metodo.

Con il metodo della bilancia si mette il segno | e alla destra del segno si scrive l'operazione che si sta effettuando sia alla sinistra sia alla destra dell'uguale.

Faremo gli stessi esercizi, questa volta con il metodo della bilancia.

a) $x + 8 = 12$ $| - 8$, $x = 4$ (abbiamo sottratto l' 8 sia alla sinistra che alla destra dell'uguale).

b) $2x - 3 = 15$ $| + 3$, il passo che segue deve essere solo pensato, senza che sia scritto, ma lo scriverò pure, per farvi capire meglio, quindi: $2x - 3 + 3 = 15 + 3$ (- 3 e + 3 si riducono perché numeri di segni opposti e quindi –3 + 3 = 0) $\Rightarrow$ 2x = 18 | : 2 (dividiamo per due sia alla sinistra che alla destra dell'uguale) $\Rightarrow$ x = 9.

c) Risolvere in N la disequazione x + 2 < 5 | -2. Otteniamo x < 3 , x $\in$ {0, 1, 2}.

d) Risolvere in N la disequazione 3x + 5 > 34 + 2x   (Del solito, si utilizza di più il metodo della bilancia nelle disequazioni quando l'incognita si trova in un unico membro della disuguaglianza; lavoreremo pure questo esercizio con il metodo della bilancia, per farvi capire bene anche questo metodo.

3x + 5 > 34 + 2x | -2x $\Rightarrow$ (questo passo viene solo pensato, perciò lo scrivo in parentesi, ma per capire meglio lo scrivo pure 3x – 2x + 5 > 34 + 2x – 2x) $\Rightarrow$ x + 5 > 34 | -5 $\Rightarrow$ x > 29,   quindi x $\in$ {30, 31, 32, 33,...}.

e) Risolvere in N la disequazione 4x – 21 $\leq$ 3.

4x – 21 $\leq$ 3 | +21 , 4x $\leq$ 24 | : 4 , x $\leq$ 6 ,

x $\in$ {0, 1, 2, 3, 4, 5, 6}.

1.8 Risolvere dei problemi con l'aiuto delle equazioni

Nel risolvere i problemi con l'aiuto delle equazioni, dobbiamo osservare i seguenti passi:

1) determinare l'incognita

2) mettere il problema in equazione

3) risolvere l'equazione

4) interpretazione del risultato; il passo 5 – la verifica, non è obbligatorio.

Esempi:

a) Maria ha nella sua biblioteca 231 libri. Se da a Giovanna 31 libri, allora Giovanna avrebbe nella sua biblioteca lo stesso numero di libri come Maria. Quanti libri aveva Giovanna all'inizio?

I passi: 1) x = il numero di libri che Giovanna aveva all'inizio

2) x + 31 = 231 - 31

3) x + 31 = 200 , x = 200 – 31 , x = 169

4) Giovanna aveva 169 libri.

b) Se distribuiamo 2 alunni in un banco, 3 alunni rimangono in piedi. Se distribuiamo 3 alunni in un banco, un banco sarà occupato da un alunno e rimarranno liberi 3 banchi. Quanti banchi e quanti alunni sono nella classe?

I passi:

1) Che cosa viene notato con x ? Tenuto conto che conosco quanti alunni vengono distribuiti in un banco, se conoscessi il numero di banchi, allora potrei calcolare il numero di alunni.

Esempio: se ho 4 banchi e distribuisco 2 alunni in ciascun banco, avrò $4 \cdot 2$ alunni, cioè 8 alunni. Tutto quanto ho scritto fino in questo punto al passo 1 è quello che devo pensare, quindi scriverò x per il numero di banchi.

2) Ora penso se uso tutti i banchi. Si, quindi $x \cdot 2$ = numero di alunni posti in banchi e 3 sono in piedi, quindi: $2x + 3$ = il numero di alunni della classe.

Per la seconda frase penso quanti banchi sto usando: 3 banchi sono liberi, uno avrà un alunno. Quindi con 3 alunni saranno $x - 4$ banchi, $3(x - 4)$ rappresenta il numero di alunni distribuiti 3 in un banco e c'è ancora uno che sta solo in un banco, quindi: $3 (x - 4) + 1$ = numero di alunni della classe.   Quindi l'equazione è: $3 (x - 4) + 1 = 2x + 3$

3) Annulliamo la parentesi applicando la distributività e la risoluzione dell'equazione è: $3x - 3 \cdot 4 + 1 = 2x + 3 \Rightarrow 3x - 12 + 1 = 2x + 3$ $\Rightarrow 3x - 2x = 12 - 1 + 3 \Rightarrow x = 14$

4) Il numero di banchi è 14 e il numero di alunni è: $2 \cdot 14 + 3$, cioè $28 + 3$, quindi 31 alunni.

c) La differenza tra due nuemri è 32. Dividendo il numero maggiore al numero maggiore si ottiene il quoto 3 e il resto 6. Trovate i due numeri.

Per risolvere questo problema utilizzeremo il teorema della divisione con resto (divisione euclidea) e uno dei metodi di risoluzione dell'equazione. Infatti, saranno 2 equazioni a due incognite e,   nella classe VII-ª, impareremo che si dice sistema di equazioni.

1)   notiamo con a il numero maggiore e con b il numero minore;

2) $a - b = 32$

a = b · 3 + 6; dalla proprietà del divisore, il quale è maggiore al resto, ci rendiamo conto che b > 6 .

3) Se nella prima equazione sostituiremo l' a con l'uguaglianza delal seconda equazione, otterremo nelal prima: $3b + 6 - b = 32 \Rightarrow 2b = 32 - 6$ (attenzione al cambio di segno quando si porta il termine da una parte all'altra dell'uguale), quindi: $2b = 26 \Rightarrow b = 26 : 2 \Rightarrow b = 13$.
4) il numero minore è 13 e quello maggiore è: $a - 13 = 32$ (della prima equazione), quindi $a = 32 + 13$, il numero maggiore è 45.

1.9 L' ordine di esecuzione delle operazioni e l'utilizzo delle parentesi

L'esecuzione delle operazioni si fa in ordine discendente, a seconda l'indice, cioè la prima volta le operazioni aventi l' **indice III le quali sono le potenze e i radicali,** che imparerete più tardi, poi le operazioni aventi l' **indice II le quali sono: le divisioni e moltiplicazioni** e poi quelle di **indice I,** cioè **l'addizione e la sottrazione.** Nel caso in cui abbiamo dei calcoli delimitati da più tipi di parentesi, si inizia con l'esecuzione delle operazioni delle parentesi tonde, poi quelle delle parentesi quadre e finalmente le operazioni delle parentesi graffe.

Esempi:

a) Risolvere, nell'insieme dei numeri naturali, l'equazione:

$3 \{6 + 2 [3 (2x - 1) + 5 (11 - 7) - 20] - 8\} = 48$.

Se dividiamo, a tramite della bilancia, a 3 e nello stesso tempo rispettiamo l'ordine delle operazioni facendo il calcolo possibile nelle parentesi tonde, otterremo:

$6+2[3(2x-1) + 5 \cdot 4 - 20] - 8 = 16$	$\mid +8 - 6$
$2 [3 (2x -1) + 20 - 20] = 18$	$\mid : 2$
$3 (2x - 1) = 9$	$\mid : 3$
$2x - 1 = 3$	$\mid +1$
$2x = 4$	$\mid : 2$

E il risultato è: $x = 2$. Abbiamo utilizzato, perchè più facile, il metodo della bilancia.

1.10 Divisibilità dei numeri naturali. Divisore, multiplo

Diciamo che il numero naturale a è **divisibile** al numero naturale b se esiste un numero naturale c, cosi che $a = b \cdot c$.

Il numero b si dice **divisore** di a e scriviamo $a \vdots b$ e leggiamo „a è divisibile a b" oppure „a si divide a b" oppure si scrive $b \mid a$ e si legge „b divide a".

Questo significa che si divide esattamente a b e quindi il divisore in una divisione esatta è il divisore del dividendo. Il nuemro a è **multiplo** di b e c, e i numeri b e c sono **divisori** del numero a.

Osservazione. Se $a \vdots b$ e $a \neq 0$, allora esiste un numero naturale c, cosi che $a = b \cdot c$, con $c \neq 0$. Conseguentemente, $a = b \cdot c \geq b$, perchè il numero c è maggiore o uguale a 1 (essendo diverso di zero). Risulta $a \geq b$.

Per un umero naturale n, notiamo con M_n l'insieme dei multipli di n e con D_n l'insieme dei divisori di n. Il numero di multipli di un numero è infinito; i multipli si ottengono multiplicando quel numero con tutti i numeri naturali. Il numero di divisori di un numero è infinito.

Esempi:

1) $M_2 = \{0, 2, 4, 6, 8, 10, \ldots\}$. $D_6 = \{1, 2, 3, 6\}$. $D_7 = \{1, 7\}$.

Quindi, se $a = b \cdot c$, allora $a \in M_b$ (si legge „a è multiplo di b"), e $a \in M_c$. Oppure possiamo scrivere $b \in D_a$ e $c \in D_a$ (si legge „b è divisore di a", „c è divisore di a").

2) $10 \vdots 2$ (leggiamo „10 si divide a 2"), oppure $2 \mid 10$ (leggiamo „2 divide 10"), quindi possiamo scrivere $10 = 2 \cdot 5$, 2 è divisore di 10 e 5 è un divisore di 10 e 10 è multiplo di 2 ma non è multiplo di 5.

3) Il numero 9 non si divide a 2 (si scrive $9 \not{\vdots} 2$) oppure 2 non divide 9 (si scrive $2 \nmid 9$), perchè 9 non si divide esattamente a 2 e non esiste alcun numero naturale che moltiplicato per 2 risulti 9.

4) I divisori di 30 sono: 1, 2, 3, 5, 6, 10, 15 e 30. 30 si divide esattamente a tutti questi numeri. I multipli del numero 30 sono: 0, 30, 60, 90 ecc.

1.11 Criteri di divisibilità

1. Un numero si divide a 2 se l'ultima cifra è pari {0, 2, 4, 6, 8}.
Esempi: 2634, 536, 112.

2. Un numero si divide a 3 se la somma delle cifre è un numero che si divide a 3 (cioè multiplo di 3).
Esempi: 1521 (1+5 + 2 + 1 = 9 e 9:3); 342561 (3 + 4 + 2 + 5 + 6 + 1 = 21 e 21:3).

3. Un numero si divide a 4 se le ultime due cifre formano un numero che si divide a 4.
Esempi: 33240 , 546008 , 11236 , 1012.

4. Un numero si divide a 5 se l'ultima cifra è 5 o 0.
Esempi: 340, 345, 1230, 5625 .

5. Un numero si divide a 9 se lasomma delle cifre è un numero che si divide a 9 (cioè è multiplo di 9).
Esempio: 132156 (1 + 3 + 2 + 1 + 5 + 6 = 18 , 18 = M_9).

6. Un numero si divide a 10 se l'ultima cifra è 0.
Esempi: 120, 34320 , 12200.

7. Un numero si divide a 100 se le ultime 2 cifre sono 00.
Esempi: 200 ,34200 , 10200.

8. Un numero si divide a 11 se la somma delle cifre pari meno la somma delle cifre dispari (cioè a salti da una cifra ad un'altra) ci da un numero che si divide a 11, cioè M_{11} (compreso il zero).

$\overline{abc}$:11 se a + c - b = 0, cioè a + c = b

$\overline{abcd}$:11 se a + c = b + d.

Esempi: 214373412 (2+4+7+4+2-1-3-3-1 = 11) , 9183603 (9+8+6+3-1-3-0 = 22) $\overline{abc}$:11 $\Rightarrow$ a+c=b,   297 (2+7=9), $\overline{abcd}$: 11$\Rightarrow$ a+c = b+d, 2783 (2+8=7+3)

9. Un numero si divide a 25 se le ultime 2 cifre sono: 00, 25, 50, 75.
Esempi: 300, 12325,...

Il prodotto di due numeri consecutivi è divisibile a 2, il prodotto di tre numeri consecutivi è divisibile a 3, il prodotto di quattro numeri consecutivi è divisibile a 4. Quindi, il prodotto di n numeri consecutivi è divisibile a n.

Esercizi

1. Trovare tutti i numeri aventi la forma $\overline{5x2}$, conoscendo che $\overline{5x2} \vdots 3$.

Viene applicato il criterio della divisibilità a 3, quindi $5+x+2 \in M_3 \Rightarrow 7+x = 9$ (perché deve essere maggiore del 7) e poi, saltando di tre in tre, cosi che x sia cifra. $7+x=12$, $7+x=15$ e $7+x=18$ non è corretto perchè x non ci da una cifra. Quindi ci fermiamo. $X = \{2, 5, 8\}$.

2. Determinare tutti i numeri naturali aventi la forma $\overline{54x}$ i quali si dividono a 2 e non si dividono a 3. Si applica il criterio della divisibilità a 2. $x \in \{0, 2, 4, 6, 8\} \Rightarrow \overline{54x} \in \{540, 542, 544, 546, 548\}$

Però i numeri si devono dividere a 3 e dato che $5+4+0=9$, $9 \vdots 3$ e $5+4+6=15$ il cui si divide a $3 \Rightarrow x = \{2, 4, 8\}$ quindi il risultato è : $\overline{54x} = \{542, 544, 548\}$.

3. Determinare tutti i numeri aventi la forma $\overline{1x23y} \vdots 6$.

Un numero si divide a 6 se si divide a 2 e a 3, perché $2 \cdot 3 = 6$ e i numeri 2 e 3 non hanno divisori comuni (eccetto l' 1). Perchè si divide a 2 significa che l'ultima cifra è pari, quindi:

$y \in \{0, 2, 4, 6, 8\}$.

$\overline{1x23y} \vdots 3$ dacă $1+x+2+3+y \in M_3$

$y = 0 \Rightarrow 1+x+2+3+0 \in M_3 \Rightarrow 6 + x \in M_3 \Rightarrow x = \{0, 3, 6, 9\} \Rightarrow \overline{1x23y} \in \{10230, 13230, 16230, 19230\}$.

$y = 2 \Rightarrow 1+x+2+3+2 \in M_3 \Rightarrow 8+x \in \{9, 12, 15\} \Rightarrow x \in \{1, 4, 7\} \Rightarrow \overline{1x23y} \in \{11232, 14232, 17232\}$.

$y = 4 \Rightarrow 1+x+2+3+4 \in M_3 \Rightarrow 10 + x \in \{12, 15, 18\}$; non possiamo continuare con il 21 perchè 21-10 = 11 e l' 11 non è una cifra, quindi x = $\{2, 5, 8\} \Rightarrow \overline{1x234} \in \{12234, 15234, 18234\}$.

$y = 6 \Rightarrow 1+x+2+3+6 \in M_3 \Rightarrow 12 + x = \{12, 15, 18, 21\} \Rightarrow$ $x \in \{0, 3, 6, 9\} \Rightarrow \overline{1x236} = \{10236, 13236, 16236, 19236\}$.

$y = 8 \Rightarrow 1+x+2+3+8 \in M_3 \Rightarrow 14 + x \in \{15, 18, 21\} \Rightarrow x \in \{1, 4, 7\} \Rightarrow$ $\overline{1x238} \in \{11238, 14238, 17238\}$.

1.12 Numeri primi e numeri composti

I numeri naturali diversi da 0 e 1 hanno **divisori impropri** (questi sono i numeri 1 e se stesso) e **divisori propri** (questi sono altri numeri, diversi da 1 e se stesso).

Esempi: 1 e 6 sono i divisori impropri di 6 e 2 e 3 sono i divizori propri di 6.

I numeri che hanno due divisori, vuol dire 1 e se stesso, si dicono **numeri primi,** e i numeri che hanno più di due divisori si dicono **numeri composti** (vedremo che questi ultimi sono composti da numeri primi).

Uno e zero non sono ne primi, ne composti, sono **neutri.**

L'uno non ha altro divisore che se stesso e il zero ha una moltitudine di divisori ma non ha se stesso come divisore perché la divisione a zero non ha senso.

Il primo numero primo è 2. **2 è l'unico numero primo pari.**

Ecco qualche numero primo: 2, 3, 5, 7, 11, 13, 17, 19, 23, 29, 31, 37, 41, 43,...

Il numero 9 è dispari, però non è numero primo, perchè $9 = 3 \cdot 3$. Il numero 15 non è numero primo perché $15 = 3 \cdot 5$.

Per trovare i numeri primi si applica il metodo del matematico greco Erastostene (il quale visse prima del nostro Signore Gesu Cristo, tra gli anni 275-194). Questo metodo si chiama "il crivello (setaccio) di Erastostene" perché sta facendo una "cernita"dei numeri.

1	2	3	4	5	6	7	8	9	10
11	12	13	14	15	16	17	18	19	20
21	22	23	24	25	26	27	28	29	30
31	32	33	34	35	36	37	38	39	40
41	42	43	44	45	46	47	48	49	50
51	52	53	54	55	56	57	58	59	60
61	62	63	64	65	66	67	68	69	70
71	72	73	74	75	76	77	78	79	80
81	82	83	84	85	86	87	88	89	90
91	92	93	94	95	96	97	98	99	100

Il crivello (setaccio) di Eratostenes.

Si elimina M_2 eccetto il 2 (▮), M_3 eccetto il 3, (▮), M_5 eccetto il 5, (▮), M_7 eccetto il 7 (▮). Osserviamo che M_{11} sono già stati eliminati ($22 \in M_2$, $33 \in M_3$, $44 \in M_2$, $55 \in M_5$, ecc.); M_{13} sono già stati eliminati, ecc. I numeri trovati nelle celle rimaste della tabella (quelle bianche) sono numeri primi (non sono ne multipli di 2, ne di 3, ne di 5, …).

Ora ecco qualche esempio di numeri composti: 4, 6, 8, 9, 10, 12, 14, 15, 16, 18,...

Qualsiasi numero naturale composto può essere decomposto in prodotto di fattori primi.
Esempi: $12 = 2 \cdot 2 \cdot 3$; $15 = 3 \cdot 5$.

Esercizio. Trovate i numeri primi a, b, c, conoscendo che $a + 2b + 2c = 32$.
Oserviamo che abbiamo come fattore comune il 2. Quindi si ottiene:

$a + 2(b + c) = 32$, $2(b+c)$ è pari e 32 è pari. Perchè due numeri pari sommati ci danno un numero pari, risulta che anche l'a è numero pari. Dato che a e numero primo, l'unico numero pari primo essendo il 2 $\Rightarrow a = 2 \Rightarrow 2 + 2(b+c) = 32 \Rightarrow 2(b+c) = 32 - 2 \Rightarrow 2(b+c) = 30 \Rightarrow b + c = 15$.

Due numeri dispari sommati danno numero pari e due numeri pari sommati danno numero pari. Quindi se la somma è numero pari significa che uno dei numeri è pari e se è anche numero primo, allora significa che è il 2, quindi $b = 2 \Rightarrow 2 + c = 15 \Rightarrow c = 15 - 2 \Rightarrow c = 13$.
Otteniamo: $a = 2$, $b = 2$, $c = 13$.

1.13 Potenze con indici naturali di numeri naturali

Per una scrittura più facile $4 \cdot 4 \cdot 4$, scriviamo 4^3.
a^n significa $a \cdot a \cdot a \cdot ... \cdot a$ n volte.

Il numero **a** si dice **base della potenza** e il numero **n** si dice **indice della potenza**. Esempio. $2^3 = 2 \cdot 2 \cdot 2 \Rightarrow 2^3 = 8$. 2 si chiama/dice base e 3 si dice indice.

L'elevamento a potenza è un'operazione di indice III e si effettua prima delle operazioni di indice II (divisione e moltiplicazione) e di indice I (addizione e sottrazione).

1.14 Regole di calcolo con potenze

1. $a^1 = a$ — qualsiasi numero avente l'indice 1 è uguale a se stesso; $2^1 = 2$, $3^1 = 3$, ...

2. $1^n = 1$ — qualsiasi sia l'indice del numero uno, ci da sempre 1; $1^0 = 1$, $1^3 = 1$, ...

3. $a^0 = 1$ — qualsiasi sia a, diverso di 0; $2^0 = 1$, $34^0 = 1$, ...

4. $0^n = 0$ — qualsiasi sia n, diverso di 0; $0^3 = 0$, $0^{123} = 0$, ...

5. $a^m \cdot a^n = a^{m+n}$ — il prodotto delle potenze aventi la stessa base è sempre una potenza avente la stessa base e con indice uguale con la somma degli indici/esponenti delle potenze; $2^3 \cdot 2^2 = 2^5$

6. $a^m : a^n = a^{m-n}$ — la divisione delle potene aventi la stessa base è sempre una potenza avente la stessa base con indice/esponente uguale alla diferenza tra l'indice del dividendo e quello del divisore; $2^7 : 2^3 = 2^4$

7. $(a^m)^n = a^{m \cdot n}$ — la potenza di una potena è la potenza dello stesso numero del cui indice è il prodotto degli indici; $(2^3)^2 = 2^6$

8. $(a \cdot b)^n = a^n \cdot b^n$ — l'elevazione a potenza di un prodotti di numeri si effettua elevando ciascun fattore del prodotto alla detta potenza $2^n \cdot 5^n = (2 \cdot 5)^n = 10^n$

Esercizi

1. Effettuare: $[(2 \cdot 3^2)^3]^4 - (2^4 \cdot 3^8)^3 = (2^3 \cdot 3^6)^4 - 2^{12} \cdot 3^{24} = 2^{12} \cdot 3^{24} - 2^{12} \cdot 3^{24} = 0$

2. Effettuare: $\{[2^3 \cdot (2^2 \cdot 2^3)^4]^2 \cdot (2^8)^3 \cdot 2^7\} : 2^{60} = \{[2^3 \cdot (2^5)^4]^2 \cdot 2^{24} \cdot 2^7\} : 2^{60} = \{[2^3 \cdot (2^5)^4]^2 \cdot 2^{24} \cdot 2^7\} : 2^{60} = \{[2^3 \cdot 2^{20}]^2 \cdot 2^{24} \cdot 2^7\} : 2^{60} = \{[2^{23}]^2 \cdot 2^{24} : 2^7\} : 2^{60} = \{2^{46} \cdot 2^{24} : 2^7\} : 2^{60} = \{2^{46+24-7}\} : 2^{60} = 2^{63} : 2^{60} = 2^3 = 8$

3. $a = [(3^2 \cdot 5^3)^2]^3 : 3^2 - (3 \cdot 5^2)^8$ Con quanti zero finisce il numero a? $a = (3^4 \cdot 5^6)^3 : 3^2 - 3^8 \cdot 5^{16}$ $a = (3^{12} \cdot 5^{18}) : 3^2 - 3^8 \cdot 5^{16}$

$a= 3^{10} \cdot 5^{18} - 3^8 \cdot 5^{18}$

$a= 3^8 \cdot 5^{18}(3^2- 1)$ $a=3^8 \cdot 5^{18}(9 - 1)$ $a= 3^8 \cdot 5^{18} \cdot 8$

$a= 3^8 \cdot 5^{18} \cdot 2^3$ $a= 3^{8} \cdot 5^{15} \cdot 5^{3} \cdot 2^{3}$

$a= 3^{8} \cdot 5^{15} \cdot \mathbf{10}^{3}$

Di conseguenza, a finisce con tre zero.

4. Con quanti zero finisce A, se A = a · b, conoscendo che a = $2^{24} \cdot 3^{12} \cdot 5^{43} \cdot 7^4$ si b = $2^{33} \cdot 3^{33} \cdot 5^{22} \cdot 7^{11}$?

$A=2^{24} \cdot 3^{12} \cdot 5^{43} \cdot 7^4 \cdot 2^{33} \cdot 3^{33} \cdot 5^{22} \cdot 7^{11}$ $\Rightarrow A = 2^{24+33} \cdot 3^{12+33} \cdot 5^{43+22} \cdot 7^{4+11}$

$\Rightarrow A = 2^{57} \cdot 3^{45} \cdot 5^{65} \cdot 7^{15}$

Dato che 10 è formato da 2 e 5 , possiamo portare 2 e 5 alla potenza 57. $A=2^{57} \cdot 5^{57} \cdot 5^9 \cdot 3^{45} \cdot 7^{15}$

$A=10^{57} \cdot 5^9 \cdot 3^{45} \cdot 7^{15}$ A finisce con 57 zero.

1.15 Denominazione indici di misure

Valore	Uso in Romania
10^3	Mille
10^6	Milione
10^9	Miliardo
10^{12}	Trilione ($10^3 \cdot 10^9$ = mille miliardi)

1.16 Decomposizione dei numeri naturali in prodotto di fattori primi

Per la decomposizione dei numeri naturali in prodotto di fattori primi vengono applicati i criteri di divisibilità.

Esempio:

Decomporre i numeri: 3600, 140 e 27984.

Perché il 3600 finisce in due 0, ricordandoci delle potenze, possiamo dire che il numero 3600 si divide a $2^2 \cdot 5^2$, i cui, moltiplicati, danno quindi ci rimane il 36 e osserviamo che si può applicare il criterio di divisione a 2 e, quando non potremo applicare più il criterio di divisione a 2, procederemo a 3, poi a 5, 7, 11 (i successivi numeri primi) e cosi via, fino quando riusciamo a decomporre il numero in fattori primi.

3600	$2^2 \cdot 5^2$
36	2
18	2
9	3
3	3
1	

140	$2 \cdot 5$
14	2
7	7
1	

27984	2
13992	2
6996	2
3498	2
1749	3
583	11
53	53
1	

Quindi possiamo scrivere: $3600 = 2^4 \cdot 3^2 \cdot 5^2$; $140 = 2^2 \cdot 5 \cdot 7$; $27984 = 2^4 \cdot 3 \cdot 11 \cdot 53$.

Il numero di divisori di un numero naturale viene cosi calcolato: viene decomposto il numero in fattori primi e vengono moltiplicati gli esponenti/indici maggiorati con 1. Un numero decomposto in fattori primi del tipo $x^a \cdot y^b$ ha $(a + 1) \cdot (b + 1)$ divisori.

Esempio. Il numero di divisori del numero 3600 è $(4 + 1) \cdot (2 + 1) \cdot (2 + 1) = 45$ divisori, perchè $3600 = 2^4 \cdot 3^2 \cdot 5^2$.

Un numero è **quadrato perfetto** se si può decomporre in una potenza di índice 2 avente per índice un numero pari. Esempi: $4 = 2^2$, $16 = 4^2$ oppure $16 = (2^2)^2 \implies 16 = 2^4$ quindi un quadrato perfetto si può decomporre in un prodotto di due numeri identici, perchè $a^2 = a \cdot a$.

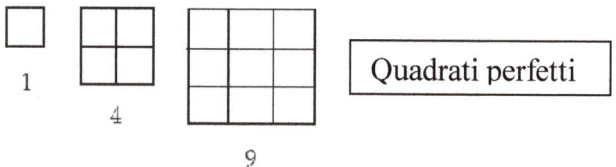

Quadrati perfetti

Osserviamo che $0 \cdot 0 = 0$, $1 \cdot 1 = 1$, $2 \cdot 2 = 4$, $3 \cdot 3 = 9$, $4 \cdot 4 = 16$, $5 \cdot 5 = 25$, $6 \cdot 6 = 36$, $7 \cdot 7 = 49$, $8 \cdot 8 = 64$, $9 \cdot 9 = 81$. Qualsiasi cifra moltiplicata con se stessa da l'ultima cifra: 0, 1, 4, 5, 6, 9, quindi **i quadrati perfetti hanno l'ultima cifra 0, 1, 4, 5, 6, 9.**

Se un numero ha l'ultima cifra 2, 3, 7 o 8, non sarà quadrato perfetto; **inoltre, un numero non è quadrato perfetto se lo mettiamo tra due numeri consecutivi quadrati perfetti.**

Esempi:

1) 124 , lo mettiamo tra 121 e 144, cioè $11^2 = 121 < 124 < 144 = 12^2$, quindi 124 non è quadrato perfetto.

2) 12345 non è quadrato perfetto, anche se l'ultima cifra è 5, perché se applichiamo i criteri di divisibilità, 12345 si divide a 5 ma non si divide a 25 oppure osserviamo che 1+2+3+4+5 =15 e 15 si divide a 3 ma non si divide a 9, quindi non è quadrato perfetto.

3) 238 non è quadrato perfetto perché l'ultima cifra è 8.

4) Il numero 5n + 3 non è quadrato perfetto perché 5n termina in 0 se n è pari e in 5 se n è dispari. Se addizioniamo il risultato con 3 otteniamo l'ultima cifra sia 3, sia 8. Quindi, non può essere quadrato perfetto.

5) Il numero 9^3 è quadrato perfetto perchè $9^3 = (3^2)^3 = 3^6$ quindi l'esponente è pari.

Un numero è cubo perfetto se si può decomporre in potenza a **indice 3 o multiplo di 3**. Esempio. 2^3, 2^6, 4^{12}, ecc.

1.17 Divisore comune, multiplo comune

I divisori del 6 sono: **1, 2**, 3, 6. I divisori dell' 8 sono: **1, 2**, 4, 8. I divisori comuni dei numeri 6 e 8 sono 1 e 2. Il loro massimo comun divisore è 2. Il minimo divisore comune di due numeri naturali è sempre l' 1.

I multipli di 2 sono: 0, 2, 4, **6**, 8, 10, **12**, ... I multipli di 3 sono: 0, 3, **6**, 9, **12**, ... Il loro minimo comun multiplo è 6. Il massimo comun multiplo non esiste.

1) Il massimo comun divisore (abbreviato m.c.d. o si scrivono in numeri tra parentesi tonde) **è il prodotto dei fattori primi comunu, presi per una sola volta alla potenza minima.**

2) Il minimo cumun multiplo (abbreviato m.c.m. o si scrivono i numeri tra parentesi quadre) **è il prodotto dei fattori primi, comuni e non comuni, presi una sola volta alla potenza massima.**

3) Due numeri si dicono primi tra di loro se hanno il massimo comune divisore l'uno. I numeri a e b sono primi tra di loro se il m.c.m (a, b) = 1. Ciò significa che non hanno divisori comuni maggiori di/superiori a 1.

Esercizi risolti

1) $(150 ; 504) = ?$ $150 = 2 \cdot 3 \cdot 5^2$

$504 = 2^3 \cdot 3^2 \cdot 7$

$\text{m.c.d.} = 2 \cdot 3 \Rightarrow (150 ; 504) = 6$

2) $[150 ; 504] = ?$ $150 = 2 \cdot 3 \cdot 5^2$

$504 = 2^3 \cdot 3^2 \cdot 7$

$\text{m.c.m.} = 2^3 \cdot 3^2 \cdot 5^2 \cdot 7 \Rightarrow$

$[150 ; 504] = 8 \cdot 9 \cdot 25 \cdot 7$

$[150 ; 504] = 12600$

3) I numeri 170 e 81 sono primi tra di loro ?

$170 = 2 \cdot 5 \cdot 17$

$81 = 3^4$

il m.c.d. $= 1$

Quindi i numeri sono primi tra di loro.

1.18 Le proprietà della relazione di divisibilità dei numeri naturali

Le seguenti proprietà sono molto utili per la risoluzione degli esercizi:

1. Qualsiasi numero naturale è divisibile a 1.

$a \vdots 1 \,\forall\, a \in \mathbf{N}$

Esempi: $2 \vdots 1$; $3 \vdots 1$.

2. Qualsiasi numero naturale è divisibile a se stesso. Questa proprietà si dice la proprietà riflessiva.

$a \vdots a \,\forall\, a \in \mathbf{N}$

Esempi: $3 \vdots 3$; $8 \vdots 8$.

3. Il numero 0 è divisibile a qualsiasi numero naturale non nullo.

$0 \vdots a \,\forall\, a \in \mathbf{N}^*$

Esempi: $0 \vdots 5$ perchè $0 = 5 \cdot 0$; $0 \vdots 12$ perchè $0 = 12 \cdot 0$.

4. Se a è divisibile a b e b è divisibile a c, allora a è divisibile a c. Questa proprietà si dice la proprietà transitiva.

$a \vdots b$ și $b \vdots c \Rightarrow a \vdots c$

Conseguentemente, se a è divisibile a b, allora a è divisibile a tutti i divisori di b.

Esempio: $16 \vdots 8$ e $8 \vdots 2$, quindi $16 \vdots 2$. Il numero 16, essendo divisibile a 8, è divisibile a tutti i divisori dell' 8, quindi anche a 1, 2, 4.

5. Se a è divisible a b e b è divisibile ad a, allora a=b. Questa proprietà si dice la proprietà di asimetria.

$a \vdots b$ și $b \vdots a \Rightarrow a = b$

Spiegazione. $a \vdots b \Rightarrow a \geq b$; $b \vdots a \Rightarrow b \geq a$.
Da $a \geq b$ e $b \geq a$ risulta $a = b$.

6. Se a e b sono divisibili a c, allora anche la loro somma e la loro differenza sono divisibili a c.

$a \vdots c$ e $b \vdots c \Rightarrow (a + b) \vdots c$

$a \vdots c$ e $b \vdots c \Rightarrow (a - b) \vdots c$

Esempio: 9 e 15 essendo divisibili a 3, la somma 24 e l differenza 6 sono divisibili a 3.

7. Se a è divisibile a b, allora il prodotto tra a e qualsiasi numero è divisibile a b.

$a \vdots b \Rightarrow a \cdot c \vdots b$

Esempi: $6 \vdots 3 \Rightarrow 6 \cdot 5 \vdots 3 \Rightarrow 30 \vdots 3$.

8. Se la somma o la differenza di due numeri è divisibile a un numero c e uno dei termini è anche lui divisibile a c, allora anche l'altro termine è divisibile a c.

$(a + b) \vdots c$ e $a \vdots c \Rightarrow b \vdots c$

$(a - b) \vdots c$ e $a \vdots c \Rightarrow b \vdots c$

Esempio: $(14 + b) \vdots 7$ și $14 \vdots 7 \Rightarrow b \vdots 7$.

9. Se a è divisibile ai numeri b e c, e questi numeri sono primi tra di loro, allora a è divisibile anche al loro prodotto.

$a \vdots b$ e $a \vdots c$ e $(b ; c) = 1) \Rightarrow a \vdots b \cdot c$

Esempio: Se a è divisibile a 2 e a 3, allora a è divisibile anche a 6, perchè $(2, 3) = 1$.

10. Se $(a, b) = d$, allora i numeri a e bi si possono scrivere cosi: $a = d \cdot n, b = d \cdot m, \ cu (n, m) = 1$.

Spiegazione. Se $(a, b) = d$, allora d è comun divisore dei numeri a e b, quindi $a = d \cdot n, b = d \cdot m$ (dalla definizione della relazione di divisibilità). Se non avremo avuto $(n, m) = 1$, allora $(n, m) = d_1 \geq 2$. Il numero d_1, essendo il divisore dei numeri n e m, avremmo $n : d_1$ e m $: d_1$, quindi $n = d_1 \cdot e, \ m = d_1 \cdot f$.

Avremmo:

$a = d \cdot n = d \cdot d_1 \cdot e = (d \cdot d_1) \cdot e$
$b = d \cdot m = d \cdot d_1 \cdot f = (d \cdot d_1) \cdot f$

Risulterebbe che i numeri a e b abbiano per comun divisore $d \cdot d_1 > d$, che sarebbe in contraddizione col fatto che d sia il massimo comun divisore.

11. Il prodotto di due numeri è uguale al prodotto tra il massimo comun divisore e il minimo comun multiplo.

$a \cdot b = (a, b) \cdot [a, b], \ \forall a, b \in \mathbf{N}$

Osservazione. Questa formula ci permette a calcolare velocemente $[a; b]$ conoscendo $a \cdot b$ e $(a; b)$.

Esempio: $a = 4, \ b = 6.$ $(4, 6) = 2.$ $[4, 6] = 12.$ Abbiamo l'uguaglianza: $4 \cdot 6 = 2 \cdot 12$.

Esercizi risolti

1. Quali sono i numeri aventi il prodotto 440 e il minimo comun multiplo 220?

Risoluzione. Siano a e b i numeri con $a \cdot b = 440$ e $[a, b] = 220$.

La relazione $a \cdot b = (a, b) \cdot [a, b]$ si scrive:

$440 = (a, b) \cdot 220 \ | : 220 \ \Rightarrow \ (a, b) = 2 \Rightarrow a = 2x \ $ e $b = 2y$ con x e y primi tra di loro $\Rightarrow a \cdot b = 2x \cdot 2y \Rightarrow 440 = 4xy \Rightarrow xy = 110$.

Vista 1 decomposizione in fattori primi, il numero 110 si può scrivere come prodotto di due fattori: $10 \cdot 11, \ 2 \cdot 55,$ oppure $5 \cdot 22$. Abbiamo le seguenti varianti:

$x = 10$ e $y = 11$ $\Rightarrow$ $a = 20$ e $b = 22$

$x = 2$ e $y = 55$ $\Rightarrow$ $a = 4$ e $b = 110$

$x = 5$ e $y = 22$ $\Rightarrow$ $a = 10$ e $b = 44$

2. La somma di due numeri 50 e il massimo comun divisore 10. Quali sono i numeri?

Risoluzione.

$a + b = 50$

$(a, b) = 10$ $\Rightarrow$ $a = 10x$ e $b = 10y$, con x e y primi tra di loro.

La relazione $a + b = 50$ si scrive: $10x + 10y = 50$ $\Rightarrow$ $10(x + y) = 50 \Rightarrow$ $x + y = 5$. Abbiamo le seguenti varianti:

$x = 1$ e $y = 4$, quindi $a = 10$ e $b = 40$ (oppure $x = 4$ e $y = 1$, quindi $a = 40$ e $b = 10$).

$x = 2$ e $y = 3$, quindi $a = 20$ e $b = 30$.

3. Se il numero $7x + 8y$ è divisibile a 5, quindi anche $2x + 3y$ sarà divisibile a 5.

Risoluzione. $5 \vdots 5$, quindi $5x \vdots 5$ și $5y \vdots 5$. Con l'addizione, otteniamo: $(5x + 5y) \vdots 5$

I numeri $7x + 8y$ e $5x + 5y$ essendo divisibili a 5, la loro differenza è divisibile a 5.

$[(7x + 8y) - (5x + 5y)] \vdots 5 \Rightarrow (7x + 8y - 5x - 5y) \vdots 5 \Rightarrow$ $(2x + 3y) \vdots 5$.

1.19. Esercizi risolti

Lavoreremo qualche esercizio utilizzando la teoria insegnata fin'ora, sottolineeremo le cose importanti, per capire meglio.

1. I numeri 1211, 307 e 278 divisi allo stesso numero danno rispettivamente i quozienti 11, 7 e 8. Trovare il numero al cui sono stati divisi.

Risoluzione. Osserviamo che in questo problema abbiamo divisioni a resto, quindi applichiamo l'idoneo teorema della divisione euclidea: $D = d \cdot Q + R$ (Divisore = dividendo · quoziente + resto), con la proprietà che il resto R<d (dividendo).

Perché il massimo resto è 11, poniamo la condizione d > 11. Con il metodo della bilancia, otteniamo:

$$1211 = d \cdot Q_1 + 11 \quad | \quad -11$$
$$307 = d \cdot Q_2 + 7 \quad | \quad -7$$
$$278 = d \cdot Q_3 + 8 \quad | \quad -8$$

$$1200 = d \cdot Q_1$$
$$300 = d \cdot Q_2$$
$$270 = d \cdot Q_3$$

Osserviamo che tutti questi numeri hanno per divisore comune il dividendo, quindi dobbiamo calcolare il massimo comun divisore (1200, 300, 270). Il numero d sarà un divisore di questo massimo comun divisore

$$1200 = 2^4 \cdot 3 \cdot 5^2$$
$$300 = 2^2 \cdot 3 \cdot 5^2$$
$$\underline{270 = 2 \cdot 3^3 \cdot 5}$$

massimo comun divisore $= 2 \cdot 3 \cdot 5 = 30$

Il numero d deve essere ricercato tra i divisori del 30, rispettando la condizioni che il dividendo sia maggiiore a 11 (d>11).

Otteniamo $d \in \{15; 30\}$.

Nella risoluzione di questo esercizio abbiamo utilizzato il teorema della divisione euclidea e il massimo comun divisore.

2. Trovare il minimo numero naturale che diviso a 6, 9 e 8 dia il resto 1.

Risoluzione. In questo caso si osserva che abbiamo lo stesso resto in contrasto con il precedente esercizio, però, naturalmente, applicheremo sempre il teorema della divisione euclidea. Presupponiamo che il minimo numero naturale il cui rispetta le date condizioni sia à, quindi:

$$a = 6 \cdot c_1 + 1$$
$$a = 9 \cdot c_2 + 1$$
$$a = 8 \cdot c_3 + 1$$

Se non si specifica come è il quoziente, avremo due casi: :

Caso I. Il quoziente è zero. Perchè 1 : 6 da il quoziente 0 e il resto 1, 1 : 9 da il quoziente 0 e il resto 1, 1 : 8 da il quoziente 0 e il resto 8, il minimo numero sarà proprio 1.

Caso II. Il quoziente è diverso da zero. Se portiamo 1 nel membro sinistro dell'equazione, avremo:

$$a - 1 = 6 \cdot c_1$$
$$a - 1 = 9 \cdot c_2$$
$$a - 1 = 8 \cdot c_3$$

$\Rightarrow a - 1$ è multiplo di 6, 9, 8. Dato che vogliamo determinare il minimo numero avente questa proprietà, prenderemo il minimo comun multiplo: $a - 1 = [6, 9, 8]$

$6 = 2 \cdot 3$

$9 = 3^2$

$\underline{8 = 2^3}$

il minimo c. m. $= 2^3 \cdot 3^2$ $\Rightarrow a - 1 = 8 \cdot 9 \Rightarrow$
$a - 1 = 72 \Rightarrow a = 73$.

3. Trovare il minimo numero naturale il cui diviso a dia il resto 3, diviso a 7 dia il resto 5, diviso a 9 dia il resto 7 e diviso a 6 dia il resto 4.

Risoluzione. Viene applicato di nuovo il teorema della divisione euclidea. Notando a il numero cercato, avremo:

$$a = 5c_1 + 3$$
$$a = 7c_2 + 5$$
$$a = 9c_3 + 7$$
$$a = 6c_4 + 4$$

Non possiamo passare il resto nel membro sinistro, perché non avremo lo stesso numero, però avremo $a - 3$, $a - 5$ ecc. Proviamo che lo stesso numero sia multiplo di 5, 7, 9 e 6. Osserviamo che la differenza tra il divisore e il resto è la stessa: 2. Quindi, se con il metodo della bilancia sommiamo 2, otterremo:

$a + 2 = 5c_1 + 5$ $\qquad a + 2 = 5(c_1 + 1)$

$a + 2 = 7c_2 + 7$ $\quad \Rightarrow \quad a + 2 = 7(c_2 + 1)$ $\Rightarrow$

$a + 2 = 6c_4 + 6$ $\qquad a + 2 = 6(c_4 + 1)$

$a + 2 = 9c_3 + 9$ $\qquad a + 2 = 9(c_3 + 1)$

a + 2 = [5, 7, 9, 6]

$$5 = 5$$
$$7 = 7$$
$$9 = 3^2$$
$$\underline{6 = 2 \cdot 3}$$

il minimo c.m. $= 2 \cdot 3^2 \cdot 5 \cdot 7 \Rightarrow a + 2 = 2 \cdot 9 \cdot 5 \cdot 7 \Rightarrow a + 2 = 630 \Rightarrow a = 630 - 2$ $\Rightarrow a = 628$.

4. Trovare tutti i numeri del tipo $\overline{37x7}$ i quali, divisi a 28 diano il resto 3.

Risoluzione. Si tratta di nuovo dell divisione con resto; successivamente all'applicazione del teorema euclidea, utilizzeremo la decomposizione di un numero naturale nella base dieci, poi le proprietà della relazione di divisibilità:

$\overline{37x7} = 28c_1 + 3 \Rightarrow \overline{37x7} - 3 = 28c_1 \Rightarrow \overline{37x4} = 28c_1 \Rightarrow \overline{37x4} : 28$.

Applicando la decomposizione di un numero naturale nella base dieci, avremo: $\overline{37x4} = 3000 + 700 + 10x + 4 = 3704 + 10x \Rightarrow (3704 + 10x) :$ 28, e poi applichiamo il teorema della divisione con resto sul numero 3704 e otteniamo $3704 = 28 \cdot 132 + 8 \Rightarrow (28 \cdot 132 + 8 + 10x) : 28$. Adesso dobbiamo ricordarci le proprietà della relazione di divisibilità.

$(28 \cdot 132 + \mathbf{8} + \mathbf{10x}) : 28$ e $28 \cdot 132 : 28 \Rightarrow (8 + 10x) : 28$.

Quindi $10x + 8$ è multiplo del 28, cioè $28 \cdot 0$, $28 \cdot 1$, $28 \cdot 2$, $28 \cdot 3$, ecc.

La prima variante è $10x + 8 = 0 \Rightarrow 10x = -8$, impossibile.

La seconda variente è $10x + 8 = 28 \Rightarrow 10x = 20 \Rightarrow \mathbf{x = 2}$.

La terza variante è $10x + 8 = 56 \Rightarrow 10x = 48$, impossibile.

La quarta variante è $10x + 8 = 84 \Rightarrow 10x = 76$, impossibile.

La quinta variante è $10x + 8 = 112 \Rightarrow 10x = 104 > 100 \Rightarrow x > 10 \Rightarrow$ x non è una cifra.

Da ora in poi non otteniamo più delle cifre. Questo significa che l'unica soluzione è $x = 2$, quindi il numero cercato è $\overline{37x7} = 3727$.

Abbiamo lavorato quattro tipologie di esercizi in cui abbiamo applicato il teorema della divisione con resto. Ora andiamo a operare su esercizi in cui applicheremo le proprietà delle relazioni di divisibilità.

5. Trovare due numeri naturali diversi da 0, conoscendo che la loro somma è 75, e il massimo comun divisore (m.c.d.) è 15.

Risoluzione. Se i numeri sono notati con a e b, possiamo scrivere matematicamente l'ipotesi (i dati del problema) e la conclusione (i requisiti/la richiesta).

$$a + b = 75$$
$$\underline{(a, b) = 15}$$
$$a = ? \quad b = ?$$

Osserviamo che il m.c.d. è 15, quindi $a = 15x$, $b = 15y$, $(x, y) = 1$.

Se sostituiamo $a = 15x$ e $b = 15y$ nella relazione $a + b = 75$, otterremo:

$15x + 15y = 75 \Rightarrow 15(x + y) = 75 \quad | :15 \Rightarrow x + y = 5 \Rightarrow$ le soluzioni sono:

$$x = 1 \Rightarrow a = 15$$
$$x = 2 \quad\quad a = 30$$
$$y = 4 \Rightarrow b = 60$$
$$y = 3 \quad\quad b = 45$$

Osservazione. Si chiedeva di trovare „due numeri naturali diversi da 0" con la proprietà menzionata. Era necessaria la precisazione che i due numeri naturali siano diversi dallo zero?

Se $a = 0$ e $a + b = 75$, allora $b = 75$. In questo caso, il m.c.d. $(a, b) =$ m.c.d. $(0, 75) = 75 \neq 15$, perchè $75 : 75$, $0 : 75$, e 75 è il massimo (il più grande) avente queste proprietà. La condizione m.c.d. $(a, b) = 15$ non poteva essere compiuta. Quindi non era necessaria la condizione che i due numeri naturali siano diversi dallo zero. Questa condizione risulta dalla richiesta $a + b = 75$ e $(a, b) = 15$.

6. Trovare due numeri naturali conoscendo che il loro prodotto è 480 e il minimo comune multiplo è 120.

Risoluzione.

$$a \cdot b = 480$$
$$\underline{[a, b] = 120}$$
$$a = ? \quad b = ?$$

L'unica formula delle proprietà della relazione di divisibilità la cui si riferisce al minimo comun multiplo /m.c.m. è: $a \cdot b = (a, b) \cdot [a, b]$, quindi:

$480 = (a, b) \cdot 120 \quad | : 120 \Rightarrow$

$4 = (a, b) \Rightarrow (a, b) = 4 \Rightarrow a = 4x, \ b = 4y, \ (x, y) = 1.$

La relazione $a \cdot b = 480$ si scrive $4x \cdot 4y = 480 \quad | : 16 \Rightarrow x \cdot y = 30 \Rightarrow x = 1 \Rightarrow a = 4, \quad x = 2 \Rightarrow a = 8,$

$x = 3 \Rightarrow a = 12 \quad x = 5 \Rightarrow a = 20$

$y = 30 \Rightarrow b = 120, \ y = 15 \Rightarrow b = 60, \ y = 10 \Rightarrow b = 40, \quad y = 6 \Rightarrow b = 24$

7. Nel cortile della scuola ci sono tra 370 e 400 alunni. Se gli possiamo mettere in fili di 6, 12 e 18 alunni, quanti alunni ci saranno nel cortile?

Risoluzione. Il numero di alunni è multiplo cumune di Numărul de elevi este multiplu comun de 6, 12 și 18. Calculăm $[6, 12, 18]$.

$6 = 2 \cdot 3$

$12 = 2^2 \cdot 3$

$\underline{18 = 2 \cdot 3^2 \qquad\qquad}$

c.m.m.m.c. $= 2^2 \cdot 3^2 \Rightarrow [6, 12, 18] = 36.$

Se nel cortile della scuola sono tra 370 e 400 alunni, allora risulta che ci sono $36 \cdot 11 = 396$ alunni.

8. Si da il numero $A = 3^8 \cdot 5^7 \cdot 7^9$ e $B = 2^{11} \cdot 3^7 \cdot 7^{22}$. In quanti zero termina il numero $A \cdot B$?

Risoluzione. $A \cdot B = 3^{8+7} \cdot 2^{11} \cdot 5^7 \cdot 7^{9+22} \Rightarrow$

$A \cdot B = 3^{15} \cdot 2^4 \cdot 2^7 \cdot 5^7 \cdot 7^{31} \Rightarrow A \cdot B = 3^{15} \cdot 2^4 \cdot (2 \cdot 5)^7 \cdot 7^{31} \Rightarrow A \cdot B = 3^{15} \cdot 2^4 \cdot 10^7 \cdot 7^{31} \Rightarrow A \cdot B$ termina in 7 zero.

9. Trovare tutti i numeri aventi la forma $\overline{4x6y}$ sapendo che sono divisibili a 6.

Risoluzione. Se un numero si divide a 6, allora significa che si divide a 2 e a 3 (i divisori di 6, i cui sono primi tra di loro e $2 \cdot 3 = 6$), quindi si applicano i criteri di divisibilità a 2 e a 3. Un numero è divisibile a 2 se l'ultima cifra è 0, 2, 4, 6, 8 ed è divsibile a 3 se la somma delle cifre è divisibile a 3.

Risulta, per y=0, $\overline{4x6y}$:3 se 4+x+6+0 $\in M_3 \Rightarrow$ 10 + x = {12, 15, 18} (x è cifra, quindi x ≤ 9, 10 + x ≤ 19) $\Rightarrow$ x $\in$ {2, 5, 8} $\Rightarrow$ $\overline{4x60}$ $\in$ {4260, 4560, 4860}.

$y = 2 \Rightarrow \overline{4x6y}$: 3 se 4 + x + 6 + 2 $\in M_3 \Rightarrow$

x $\in$ {0, 3, 6} $\Rightarrow \overline{4x62}$ $\in$ {4062, 4362, 4662}.

$y = 4 \Rightarrow \overline{4x6y}$: 3 se 4+x +6+4 $\in M_3 \Rightarrow$

x $\in$ {1, 4, 7} $\Rightarrow \overline{4x64}$ $\in$ {4164, 4464, 4764}.

$y = 6 \Rightarrow \overline{4x6y}$: 3 $\Rightarrow$ se 4+x+6+6 $\in M_3 \Rightarrow$

x $\in$ {2, 5, 8}, $\overline{4x66}$ $\in$ {4266, 4566, 4866}.

$y = 8 \Rightarrow \overline{4x6y}$: 3 $\Rightarrow$ 4 + x + 6 + 8 $\in M_3 \Rightarrow$

x $\in$ {0, 3, 6, 9},

$\overline{4x68}$ = {4068, 4368, 4668, 4968}.

In conclusione: $\overline{4x6y}$={4260, 4560, 4860, 4062, 4362, 4662, 4164, 4464, 4764, 4266, 4566, 4866, 4068, 4368, 4668, 4968}.

10. Trovare il numero minimo che si divide a 9, 12, 10.

Risoluzione. Se il numero in oggetto si divide a 9, 10 e 12, allora significa che sia multiplo di 9, 10 e 12. Perché si chiede il minimo numero avente questa proprietà, andiamo a calcolare [9 , 10 , 12].

$$9 = 3^2$$
$$10 = 2 \cdot 5$$
$$\underline{12 = 2^2 \cdot 3}$$

il minimo comun multiplo/m.c.m.=$2^2 \cdot 3^2 \cdot 5 \Rightarrow$ m.c.m.= 180. Questo è il numero cercato.

11. Trovare tutti i numeri aventi la forma $\overline{2x3y}$: 15.

Risoluzione. Domanda: Quando un numero si divide a 15?
Risposta:
Un numero si divide a 15 quando si divide a 3 e a 5 perché 3 · 5 = 15 e (3, 5) = 1.

$\overline{2x3y}$:15 se si divide a 5 e a 3.

$\overline{2x3y}$: 5 $\Rightarrow$ y $\in$ {0 , 5}

$\overline{2x3y}$: 3 $\Rightarrow$ (2+x+3+y) $\in M_3 \Rightarrow$ (5+x+y) $\in M_3$

a) y = 0 $\overline{2x30}$: 3 $\Rightarrow$ (5 + x) $\in M_3 \Rightarrow$

41

$\overline{2x30} \in \{2130, 2430, 2730\}$

b) $y = 5 \quad \overline{2x35} : 3 \Rightarrow 5 + x + 5 \in M_3 \Rightarrow$

$\overline{2x35} \in \{2235, 2535, 2835\}$

Quindi $\overline{2x3y} \in \{ 2130, 2430, 2730, 2235, 2535, 2835 \}$

12. Quanti divisori ha il numero 936 ?

Risoluzione. Conosciamo che un numero descomposto in fattori primi del tipo $x^a \cdot y^b$ ha $(a + 1) \cdot (b + 1)$ divisori.

Perché $936 = 2^3 \cdot 3^2 \cdot 13$, ha $(3 + 1) \cdot (2 + 1) \cdot (1 + 1)$ divisori, quindi ha $4 \cdot 3 \cdot 2$ divisori, cioè 24 divisori.

13. Scrivete 35^{34} quale somma di due cubi perfetti.

Risoluzione. Ricordiamoci cosa è un cubo perfetto. Un cubo perfetto è un numero che si decompone in tre fattori identici oppure un numero che si scrive sotto la forma a^3.

$35^{34} = 35^{33} \cdot 35 = 35^{33}(27 + 8) = 35^{33}(3^3 + 2^3)$

$35^{54} = 35^{33} \cdot 3^3 + 35^{33} \cdot 2^3$

$35^{34} = (35^{11} \cdot 3)^3 + (35^{11} \cdot 2)^3$ quindi l'abbiamo scritto come somma di due cubi.

14. Scrivere 25^{25} quale somma di due quadrati perfetti.

Risoluzione. Conoscendo che un quadrato perfetto può essere scritto sotto la forma a^{2k}, penseremo che il 25 deve avere un indice pari, quindi: $25^{25} = 25^{24}(16+9) \Rightarrow$

$25^{25} = 25^{24}(4^2 + 3^2) \Rightarrow 25^{25} = (25^{12} \cdot 4)^2 + (25^{12} \cdot 3)^2$

15. Potete scrivere 65^{31} quale somma di due quadrati perfetti? Oppure la potete scrivere come somma di due cubi perfetti?

Risoluzione.

$65 = 1 + 64$, $65 = 1^2 + 8^2$, $65^{31} = 65^{30} \cdot 65$, $65^{31} = 65^{152}(1 + 64)$,

$65^{31} = (65^{15})^2 (1^2 + 8^2)$

$65^{31} = (65^{15})^2 + (65^{15} \cdot 8)^2$ somma di due quadrati.

$65 = 1 + 64$, $65 = 1^3 + 4^3$, $65^{31} = 65^{30} \cdot 65$, $65^{31} = 65^{30}(1^3 + 4^3)$,

$65^{31} = (65^{10})^3 (1^3 + 4^3)$

$65^{31} = (65^{10})^3 + (65^{10} \cdot 4)^3$ somma di due cubi.

Capitolo II. INSIEMI

2.1 Definizioni. Operazioni con insiemi

Un insieme è formato di elementi. L'insieme è scritto lettere maiuscole e gli elementi con lettere minuscole.

Esempi: A = {a, b} ; B = {3, 7}; C = {a, b, c}; M = {2, 6, 9}.

Se a fa parte dell'insieme M, scriviamo a ∈ M e leggiamo „a appartiene a M".

Se b non fa parte dell' M, scriviamo b ∉ M e leggiamo „b non appartiene all' M".

M = {x | P(x)}; x è un elemento e P(x) è la proprietà con la cui viene definito l'insieme. Leggiamo: "M è l'insieme degli elementi x con la proprietà P(x)."

Esempio. M = { x | x ∈ **N**, x ≤ 4} = {0, 1, 2, 3, 4} (M è l'insieme dei numeri naturali con la proprietà x ≤ 4).

In un insieme, qualsiasi elemento appare una sola volta. Non è importante l' ordine degli elementi.

Se tutti gli elementi dell'insieme A fanno parte anche dell'insieme B, diciamo che A è inclusa in B e scriviamo A ⊆ B. Se B contiene anche altri elementi, diciamo che A è strettamente inclusa in B è scriviamo A ⊂ B.

Due insiemi sono uguali se hanno gli stessi elementi. Se A ⊆ B e B ⊆ A, allora A = B.

Operazioni con insiemi

Consideriamo gli insiemi A e B.

La **Riunione** degli insiemi A e B è l'insieme A ∪ B format dagli elementi comuni e non comuni, presi una sola volata. Ricordiamoci che gli elementi di un'insieme non si ripetono!

Esempio: A = {0, 7, 8}, B = {0, 6, 7, 9}.
A ∪ B = {0, 7, 8, 6, 9}.

L' **Intersezione** degli insiemi A e B è l'insieme A ∩ B formato solamente dagli elementi comuni.

Esempio:

A= {1, 5}, B = {5, 8}. A ∩ B ={5}.

A = {0, 1, 2, 3, 4}, B = {0, 2, 4, 6, 8} şi C = {0, 1, 2, 4, 5, 7}. A ∩ B ∩ C ={0, 2, 4}.

A = {1, 3} B = {5, 8}.

I due insiemi non hanno alcun elemento comune. Perciò la loro intersezione non contiene alcun elemento. Scriviamo: A ∩ B = Φ (l'insieme vuoto èl'insieme che non contiene alcun elemento e viene notato con la lettera greca "phi"/„fi"). Se A ∩ B = Φ, diciamo che gli insiemi A e B sono disgiunti.

La Differenza degli insiemi A, B è l'insieme formato dagli elementi che si trovano in A e non si trovano in B.

Esempio: A = {0, 1, 3, 7}, B = {0, 2, 3},

A \ B = {1, 7}, B \ A = {2}.

Se A ⊆ B, definiamo la **complementare** di A in rapporto a B a tramite di $C_BA = B \setminus A$

La **Diferenţa simetrica** A Δ B (si legge „A delta B") è l'insieme formato dagli elementi non comuni di entrambi gli insiemi.

Esempio: A = {0, 2, 4}, B = {0, 1, 2, 3},

A Δ B = (A \ B) ∪ (B \ A) = {1, 3, 4}.

Il prodotto cartesiano degli insiemi A, B rappresenta l'insieme dei parecchi ordonati (a, b) , dove a ∈ A , b ∈ B. Si scrive A x B.

Esempio: A = {0, 1}, B = {1, 2, 3} ⇒

A x B = {(0, 1); (0, 2); (0, 3); (1, 1); (1, 2); (1, 3)}.

Il cardinale di un insieme A è il numero di elementi dell'A e si scrive cardA oppure |A|.

Esempi: A = {1, 22, 13, 14, 43}. |A| = 5, perchè ha 5 elementi. |Φ| = 0, perchè l'insieme vuoto non ha alcun elemnto.

A = { x | x ∈ N , a < x < b } ⇒ **CardA = b – a – 1**

B = { x | x ∈ N , a ≤ x < b } ⇒ **CardB = b – a**

C = { x | x ∈ N , a ≤ x ≤ b } ⇒ **CardC = b – a + 1**

L'insieme delle parti di un insieme A si scrive P(A) e contiene come elementi tutti i sub insiemi di A, compresi i „casi estremi", cioè Φ e A.

Esempio: A = {2, 5}. P(A) = {Φ, {2}, {5}, {2, 5}}.

Il cardinale dell'insieme P(A) viene calcolato con la formula | P(A)| = $2^{|A|}$. Nell'esempio precedente,

$$| P(A)| = 2^{|A|} = 2^2 = 4.$$

2.2 Esercizi risolti

1) A = {0, 1, 3}, B = {0, 2, 4, 6}. Determinare: A∪B , A∩B , A\B, B\A.
A∪B = {0, 1, 3, 2, 4, 6}, A∩B = {0}, A\B= {1, 3}, B\A = {2, 4, 6}.

2) A= {1, 2}, B = {1, 2, 3}. Determinare: A∪B, A∩B, A\B, B\A, A x B.
A∪B = {1, 2, 3}, A∩B = {1, 2}, A\B= Φ, B\A= {3}, A x B = { (1,1) , (1,2),(1,3),(2,1),(2,2),(2,3)}

3) A = {1, 3, 5}, B = {1, 2, 3, 4} . Si chiede: A∪ B, A∩B, B\A, A Δ B, CardA , CardP(A), P(A).
A∪B = {1, 2, 3, 4, 5} , A∩B = {1, 3}
B\A = {2, 4} , A Δ B = (A\B)∪(B\A) = {5}∪{2, 4} = {2, 4, 5}, oppure direttamente: A Δ B = elementi non comuni, cioè: A Δ B = {2, 4, 5}.
Card A = 3 , CardP(A) = 2^{CardA} = 2^3 = 8, quindi abbiamo 8 sub insiemi.
P(A) = {Φ,{1}, {3},{5},{1,3} , {1,5} , {3,5}, {1,3,5}}

4) Conosciamo: A∩B = {1, 3, 4} , A\B = { 2 } ,
B\A = {5, 6, 7}. Determinare: A, B , CardA , CardB .
A = {1, 3, 4, 2}, B = {1, 3, 4, 5, 6, 7}, CardA = 4 , CardB = 6

5) Se A = { x | x ∈ N și 3 ≤ 2x – 1 < 7 } e
B = { x | x ∈ **N** și 4 < 3 x + 1 < 16}, determinare: A∪B , A∩B , A\B, B\A, A Δ B și A x B .
Dell'insieme A risolveremo l'inequazione cosi: 3 ≤ 2 x – 1 < 7 | + 1 ⇒ 4 ≤ 2x< 8 , se dividiamo a 2, otteniamo 2 ≤ x < 4 e dato che x ∈ N, risulta A= {2, 3} .

Dell'insieme B risolveremo l'inequazione cosi:

$4 < 3x + 1 < 16$ $| - 1$ $\Rightarrow$ $3 < 3x < 15$ $| : 3 \Rightarrow$ $1 < x < 5$ și $x \in \mathbf{N} \Rightarrow B = \{2, 3, 4\}$
quindi $A \cup B = \{2, 3, 4\}$, $A \cap B = \{2, 3\}$, ecc.

6) Si da l'insieme $A = \{ x \mid x \in \mathbf{N},\ 2^3 \leq x \leq 2^7 \}$. Calcolare $Card A$.

$Card A = 2^7 - 2^3 + 1 \Rightarrow Card A = 2^3(2^4 - 1) + 1 \Rightarrow Card A = 8\ (16 - 1) + 1 = 8 \cdot 15 + 1 \Rightarrow$

Otteniamo $Card A = 121$.

7) Consideriamo gli insiemi:

$A = \{ x \mid x \in \mathbf{N},\ 2(3x - 1) + 3(2 - x) \leq 19 \}$
$B = \{ x \mid x \in \mathbf{N^*},\ 5x + 7 < 2(x + 3) + x + 9 \}$

Determinare: $A \cup B$, $A \cap B$, $A \setminus B$, $A \triangle B$, $Card P(A)$.

Per trovare gli elementi dell'insieme A, dobbiamo risolvere l'inequazione: $2(3x - 1) + 3(2 - x) \leq 19$,

$6x - 2 + 6 - 3x \leq 19$, $3x + 4 \leq 19$, $3x \leq 19 - 4$, $3x \leq 15$,

$x \leq 5$ e dato che $x \in \mathbf{N}$, avremo $A = \{0, 1, 2, 3, 4, 5\}$.

Per trovare l'insieme B, dobbiamo risolvere l'inequazione: $5x + 7 < 2(x + 3) + x + 9$, $5x + 7 < 2x + 6 + x + 9$, $5x - 3x < 15 - 7$, $2x < 8$, $x < 4$ e dato che $x \in \mathbf{N^*}$, avremo $B = \{1, 2, 3\}$.

Conseguentemente, $A = \{0, 1, 2, 3, 4, 5\}$, $B = \{1, 2, 3\}$, $A \cup B = \{0, 1, 2, 3, 4, 5\}$, $A \cap B = \{1, 2, 3\}$, $A \setminus B = \{0, 4, 5\}$, $A \triangle B = \{0, 4, 5\}$, $Card P(A) = 2^{card A} = 2^6$, quindi l'insieme A ha 64 sub insiemi.

Capitolo III. NUMERI RAZIONALI

3.1 Frazioni ordinarie. Rapporti. Proporzioni

Una delle parti uguali in cui è diviso un intero si dice **unità frazionaria**.

Esempi:

Una metà significa una metà di un intero (una parte delle due parti uguali) e si scrive $\frac{1}{2}$ oppure 1/2, un terzo è la terza parte di un intero (una parte delle tre parti uguali) e si scrive $\frac{1}{3}$ oppure 1/3, un quarto è la quarta parte di un intero e si scrive $\frac{1}{4}$ oppure 1/4.

Osservazione. Non ha senso 1/0 (una parte di zero parti).

Una coppia di numeri naturali a e b, dove $b \neq 0$, scritta sotto la forma $\frac{a}{b}$ oppure a/b (si legge „a supra b"), si dice frazione ordinaria;

a si dice numeratore, e **b** si dice denominatore. Abbiamo accentuato l' **i** della parola denominatore perché in tal modo non confonderemo il numeratore con il denominatore conoscendo che si trova sotto la linea della frazione quello che contiene la lettera **i.** In funzione della loro dimensione rispetto l'unità (1), le frazioni a/b si dividono in tre categorie:

1) frazioni sub unitarie (inferiori a 1), se a < b; esempio $\frac{2}{5}$.

2) frazioni equi unitarie (uguali a 1), se a = b; esempio $\frac{2}{2}$

3) frazioni supra unitarie (superiori a 1), se a > b; esempio $\frac{5}{2}$

Le frazioni 1/2 e 2/4 rappresentano la stessa quantità (1/2 significa una metà, e 2/4 significa due quarti, cioè sempre una metà). Questo tipo di numeri, rappresentati di più frazioni, si dicono **numeri razionali.**

1/2   2/4

Osserviamo che possiamo scrivere qualsiasi numero naturale n sotto la forma di frazione n = n/1.

L'insieme dei numeri razionali (positivi e negativi) si scrivono con la lettera **Q**. Ella contiene i numeri naturali (**N** = {0, 1, 2, 3, ...}), i numeri interi (**Z** = {0, 1, -1, 2, -2, 3, -3, ...}) e i numeri frazionari (1/2, 3/5, -8/3 ecc.).

Due frazioni $\dfrac{a}{b}$ e $\dfrac{c}{d}$ sono **equivalenti** se

$\boxed{\dfrac{a}{b} = \dfrac{c}{d}}$, (la proprietà fondamentale della proporzione) cioè se rappresentano la stessa quantità. Questo si può leggermente verificare cosi: a · d = b·c. Esempio: 2/3 = 4/6; abbiamo 2 · 6 = 3 · 4.

Proprietà dell'equivalenza delle frazioni ordinarie:

1) Riflessività: $\dfrac{a}{b} = \dfrac{a}{b}$

2) Simmetria: Se $\dfrac{a}{b} = \dfrac{c}{d}$, allora anche $\dfrac{c}{d} = \dfrac{a}{b}$

3) Transitività: Se $\dfrac{a}{b} = \dfrac{c}{d}$ e $\dfrac{c}{d} = \dfrac{e}{f}$, allora $\dfrac{a}{b} = \dfrac{e}{f}$.

Amplificare la frazione significa moltiplicare sia il numeratore che il denominatore per lo stesso numero naturale non nullo.

Esempio. Amplificando per 2 la frazione 5/6 otteniamo 10/12. L'amplificazione è molto importante perché le frazioni non si possono sommare che avendo lo stesso denominatore; si riducono allo stesso denominatore a tramite dell'amplificazione, alcune volte, quando possibile, anche a tramite della semplificazione (divisione del numeratore e del denominatore per lo stesso numero   naturale non nullo). Per ridurre allo stesso denominatore dobbiamo sapere come si sta calcolando il minimo comune multiplo, cioè m.c.m. .

Ricordiamoci come si calcola il m.c.m. : si decompongono i denominatori in fattori primi, e il m.c.m. è il prodotto dei fattori primi, comuni e non comuni, presi per una volta alla potenza maggiore. Ciascuna frazione si amplifica con i fattori del m.c.m che non ritroviamo al denominatore. Dopo la moltiplicazione, il denominatore deve essere uguale al m.c.m.

Esempio:

$$\frac{3}{4} + \frac{5}{6} = \frac{3 \cdot 3}{12} + \frac{2 \cdot 5}{12} = \frac{19}{12}$$

m.c.m. (4, 6) = 2^2 3 = 12. La prima frazione si amplifica per 3 e la seconda per 2.

Se a e b sono numeri razionali, dove b ≠ 0, allora $\boxed{\dfrac{a}{b}}$ si dice

rapporto. Un'uguaglianza di due rapporti si dice **proporzione**. Se a, b, c, d sono numeri razionali dove b ≠ 0 e d ≠ 0, allora $\boxed{\dfrac{a}{b} = \dfrac{c}{d}}$ è una

proporzione.

3.2 Operazioni con frazioni ordinarie

3.2.1 Addizione e sottrazione delle frazioni

Dopo aver ridotto allo stesso denominatore, si sommano e si sottragono a seconda del caso i denominatori e viene copiato il comun denominatore:

$$\frac{a}{b} + \frac{c}{b} - \frac{d}{b} = \frac{a+c-d}{b}$$

Esempio: $\dfrac{7}{8} + \dfrac{5}{6} + \dfrac{7}{36} - \dfrac{2}{15} + \dfrac{6}{25} = ?$

Si decompongono i denominatori: $8 = 2^3$, $6 = 2 \cdot 3$, $36 = 2^2 \cdot 3^2$, $15 = 3 \cdot 5$, $25 = 5^2$. m.c.m. = $2^3 \cdot 3^2 \cdot 5^2$ = 8·9·25 = 1800

$$\frac{7}{2^3} + \frac{5}{2 \cdot 3} + \frac{7}{2^2 \cdot 3^2} - \frac{2}{3 \cdot 5} + \frac{6}{5^2} =$$

$$\frac{7 \cdot 3^2 \cdot 5^2}{2^3 \cdot 3^2 \cdot 5^2} + \frac{5^3 \cdot 2^2 \cdot 3}{2^3 \cdot 3^2 \cdot 5^2} + \frac{7 \cdot 2 \cdot 5^2}{2^3 \cdot 3^2 \cdot 5^2} - \frac{2^4 \cdot 3 \cdot 5}{2^3 \cdot 3^2 \cdot 5^2} + \frac{6 \cdot 2^3 \cdot 3^2}{2^3 \cdot 3^2 \cdot 5^2} =$$

$$= \frac{7 \cdot 9 \cdot 25 + 125 \cdot 4 \cdot 3 + 7 \cdot 2 \cdot 25 - 16 \cdot 3 \cdot 5 + 6 \cdot 8 \cdot 9}{2^3 \cdot 3^2 \cdot 5^2}$$

I numeri frazionari possono essere decomosti in somma di numeri frazionari aventi lo stesso denominatore,

Esempio: $\quad \dfrac{9}{5} = \dfrac{2}{5} + \dfrac{3}{5} + \dfrac{4}{5}$

3.2.2 Estrazione degli interi dalla frazione. Inserimento degli interi nella frazione

Si divide il numeratore al denominatore. Il quoto sarà l'intero, il cui si scrive in fronte alla linea di frazione, il resto si scriverà al numeratore. Al denominatore si scrive lo stesso denominatore.

Esempio: $\quad \dfrac{17}{5} = 3 + \dfrac{2}{5}$

Scriviamo: $\dfrac{17}{5} = 3\dfrac{2}{5}$ e leggiamo „3 interi e due quinti".

Per inserire gli interi nella frazione, si moltiplica l'intero per il denominatore, il risultato si somma con il numeratore e il nuovo risultato si porta al numeratore e il denominatore è lo stesso.

Esempio: $\quad 3\dfrac{2}{5} = \dfrac{3 \cdot 5 + 2}{5} = \dfrac{17}{5}$

Se abbiamo $182\dfrac{5}{6} - 76\dfrac{5}{78}$, è più semplice non inserire gli interi nella frazione e portare le frazioni allo stesso denominatore.

Procediamo cosi:

$$182\frac{5 \cdot 13}{6 \cdot 13} - 76\frac{5}{78} = 182\frac{65}{78} - 76\frac{5}{78} = 106\frac{60}{78} = 106\frac{10}{13}$$

Quindi abbiamo sottratto gli interi tra di loro e le frazioni tra di loro dopo averle ridotte allo stesso denominatore.

Se le frazioni non si possono sottrarre, allora introduciamo un solo intero nella frazione, non tutti gli interi, e sarà più facile in tale modo.

Esempio:

$$123\frac{5}{6} - 23\frac{73}{78} = 123\frac{5\cdot 13}{6\cdot 13} - 23\frac{73}{78} = 123\frac{65}{78} - 23\frac{73}{78} = 122\frac{143}{78} - 23\frac{73}{78} = 99\frac{70}{78}$$

Esercizi :

$$\text{a) } 5\frac{2}{3} + 7\frac{2}{5} = \ldots$$

$$\text{b) } 21\frac{2}{5} - 3\frac{4}{5} = \ldots$$

$$\text{c) } 19\frac{3}{4} - 5\frac{5}{6} = \ldots$$

Per risolvere questi esercizi, è più facile non inserire gli interi nella frazione e, se non possiamo effettuare la sottrazione, allora inseriamo solo un intero nella frazione. Cosi:

a) Amplifichiamo $\frac{2}{3}$ per 5 e $\frac{2}{5}$ per 3.

Otterremo: $5\frac{10}{15} + 7\frac{6}{15} = 12\frac{16}{15} = 13\frac{1}{15}$

b) Non possiamo sottrarre il 4 da 2 e perciò introdurremo solo un intero nella frazione $\frac{2}{5}$,

quindi: $21\frac{2}{5} - 3\frac{4}{5} = 20\frac{7}{5} - 3\frac{4}{5} = 17\frac{3}{5}$.

Abbiamo sottratto gli interi dagli interi e i nominatori tra di loro.

c) Riduciamo $\frac{3}{4} e \frac{5}{6}$ al denominatore comune 12 e otteniamo:

$19\frac{9}{12} - 5\frac{10}{12}$ e, perché non possiamo sottrare il 10 dal 9, inseriamo nella frazione solo un intero del 19, essendo più facile cosi:

$$18\frac{21}{12} - 5\frac{10}{12} = 13\frac{11}{12}.$$

3.2.3 Moltiplicazione delle frazioni

Si moltiplicano i numeratori tra di loro e i denominatori tra di loro:

$$a \cdot \frac{b}{c} = \frac{a \cdot b}{c}, \qquad \frac{a}{b} \cdot \frac{c}{d} = \frac{a \cdot c}{b \cdot d}$$

3.2.4 Semplificazione delle frazioni

Semplificare significa dividere sia il numeratore che il denominatore per lo stesso numero. Nel caso della moltiplicazione, si possono semplificare il numeratore di una frazione per il denominatore della seconda frazione.

Esempi:

Semplificare :

1) $\dfrac{30}{72}$ Si osserva che possiamo semplificare per 6 (ricordiamoci i criteri della divisibilità) e otteniamo $\dfrac{5}{12}$

2) $\dfrac{15}{12} \cdot \dfrac{4}{35}$ Si osserva che possiamo semplificare 15 e 35 per 5, 4 e 12 per 4 e otteniamo: $\dfrac{3}{3} \cdot \dfrac{1}{7}$. In seguito alla semplificazione per 3 otteniamo $\dfrac{1}{7}$.

3) $2\dfrac{2}{15} \cdot \dfrac{5}{28}$ Inseriamo prima gli interi nella frazione e otteniamo $\dfrac{32}{15} \cdot \dfrac{5}{28} = \dfrac{8}{3} \cdot \dfrac{1}{7}$ perché abbiamo semplificato 32 e 28 per 4 e 15 d 5 per 5.

Le proprietà della moltiplicazione dei numeri frazionari sono identiche a quelle della moltiplicazione dei numeri naturali.

Una frazione che non può essere più semplificata si chiama frazione **irriducibile.** Se una frazione si può semplificare ancora, si dice che è **riducibile.**

3.2.5 Divisione delle frazioni

Il rovescio di a (a $\in$ N*) è $\dfrac{1}{a}$ e il rovescio di $\dfrac{b}{c}$ è $\dfrac{c}{b}$ e $\dfrac{0}{b}$ non ha rovescio perchè una frazione avente il denominatore 0 non esiste.

$$\frac{a}{b} \cdot \frac{b}{a} = 1, \text{ per a, b} \in \mathbf{N}^*.$$

Per dividere $\dfrac{a}{b}$ per $\dfrac{c}{d}$, moltiplichiamo la frazione $\dfrac{a}{b}$ per il lrovescio della frazione $\dfrac{c}{d}$:

$$\frac{a}{b} : \frac{c}{d} = \frac{a}{b} \cdot \frac{d}{c} = \frac{a \cdot d}{b \cdot c}$$

Se i numeri frazionari sono misti, si insericono gli interi nella frazione e pio si opera la divisione.
Esempio:

$$2\frac{14}{15} : 1\frac{3}{25} = \frac{44}{15} : \frac{28}{25} = \frac{44}{15} \cdot \frac{25}{28} = \frac{11}{3} \cdot \frac{5}{7} = \frac{55}{21} = 2\frac{13}{21}$$

$$\frac{a}{b} : \frac{c}{d} = \frac{\frac{a}{b}}{\frac{c}{d}}, \quad \frac{\frac{a}{b}}{\frac{c}{d}} \quad \text{si dice frazione a piani ed è uguale a } \frac{a}{b} \cdot \frac{d}{c}$$

Esempi :

1) $4\dfrac{1}{5} : 1\dfrac{13}{15} = \dfrac{21}{5} : \dfrac{28}{15} = \dfrac{21}{5} \cdot \dfrac{15}{28} = \dfrac{3}{1} \cdot \dfrac{3}{4} = \dfrac{9}{4} = 2\dfrac{1}{4}$

2) $2\dfrac{1}{3} : 3\dfrac{8}{9} + \dfrac{2}{5} = \dfrac{7}{3} \cdot \dfrac{9}{35} + \dfrac{2}{5} = \dfrac{3}{5} + \dfrac{2}{5} = \dfrac{5}{5} = 1$

3.2.6 La potenza ad indice naturale di un numero frazionare

$\left(\dfrac{a}{b}\right)^0 = 1$ per a $\neq$ 0 și b $\neq$ 0. Qualsiasi numero (diverso da 0) a potenza 0 è uguale a 1.

$$\left(\frac{a}{b}\right)^n = \frac{a^n}{b^n} \quad \text{per } b \neq 0 \quad \text{Esempio}: \quad \left(\frac{2}{3}\right)^3 = \frac{2^3}{3^3} = \frac{8}{27}$$

$$\left(\frac{a}{b}\right)^1 = \frac{a}{b}, \left(\frac{0}{b}\right)^n = 0 \quad \text{qualsiasi sia } n \in N^* \text{ e } b \in N^*, \quad \left(\frac{a}{b}\right)^m \cdot \left(\frac{a}{b}\right)^n = \left(\frac{a}{b}\right)^{m+n}$$

$$\left(\frac{a}{b}\right)^m : \left(\frac{a}{b}\right)^n = \left(\frac{a}{b}\right)^{m-n} \quad \text{ad } a \neq 0, \ b \neq 0 \ m, n \in \mathbf{N} \ \text{e} \ m > n,$$

$$\left[\left(\frac{a}{b}\right)^m\right]^n = \left(\frac{a}{b}\right)^{m \cdot n}, \quad \left(\frac{a}{b} \cdot \frac{c}{d}\right)^n = \left(\frac{a}{b}\right)^n \cdot \left(\frac{c}{d}\right)^n \quad n \in \mathbf{N}.$$

Esempi:

1) $\left(\dfrac{2}{3}\right)^2 \cdot \left(\dfrac{4}{9}\right)^3 = \left(\dfrac{2}{3}\right)^2 \cdot \left[\left(\dfrac{2}{3}\right)^2\right]^3 = \left(\dfrac{2}{3}\right)^2 \cdot \left(\dfrac{2}{3}\right)^6 = \left(\dfrac{2}{3}\right)^8 = \dfrac{2^8}{3^8}$

2) $\left(2\dfrac{1}{2} - \dfrac{2}{3} + \dfrac{1}{6}\right)^3 = \left(\dfrac{5}{2} - \dfrac{2}{3} + \dfrac{1}{6}\right)^3 = \left(\dfrac{15}{6} - \dfrac{4}{6} + \dfrac{1}{6}\right)^3 = \left(\dfrac{12}{6}\right)^3 = (2)^3 = 8$

3) $\left(\dfrac{2}{5}\right)^2 \cdot \left(\dfrac{2}{5}\right)^4 : \left(\dfrac{2}{5}\right)^3 = \left(\dfrac{2}{5}\right)^{6-3} = \left(\dfrac{2}{5}\right)^3 = \dfrac{2^3}{5^3} = \dfrac{8}{125}$

3.3 Confronto dei numeri frazionari

Tra due numeri frazionari aventi lo stesso denominatore è più grande la frazione avente il numeratore maggiore.

Esempio: $\dfrac{7}{15} > \dfrac{2}{15}$

Due numeri frazionari aventi denominatori diversi, per confrontarli, dobbiamo portarli allo stesso denominatore.

Esempio: Confrontare $\dfrac{23}{15} con \dfrac{25}{16}$,

m.c.m. $= 2^4 \cdot 3 \cdot 5 = 16 \cdot 15 = 240$

Quindi: $\dfrac{23\cdot 16}{240}$ confrontiamo con $\dfrac{25\cdot 15}{240} \Rightarrow \dfrac{368}{240} < \dfrac{375}{240}$ perchè

$368 < 375 \Rightarrow \dfrac{23}{15} < \dfrac{25}{16}$

Se a, b, c, d sono numeri positivi, possiamo confrontare il prodotto

degli estremi con il prodotto dei medi: $\dfrac{a}{b} \ge \dfrac{c}{d} \Rightarrow a\cdot d \ge b\cdot c$

3.4 Esercizi

1) Determinare $x \in N$, per cui sono vere le relazioni:

a) $\dfrac{5}{8} \le \dfrac{7}{x+3}$ b) $\dfrac{3}{5} \ge \dfrac{x}{20}$ c) $\dfrac{x}{6} \le \dfrac{3}{2}$ d) $\dfrac{12}{x+2} \ge \dfrac{3}{5}$

Risolvere:

a) $5(x+3) \le 7\cdot 8$

$\Rightarrow 5x+15 \le 56 \Rightarrow 5x \le 56-15 \Rightarrow 5x \le 41 \Rightarrow x \le \dfrac{41}{5} \Rightarrow x \le 8\dfrac{1}{5} \Rightarrow x$

$\in \{0,1,2,3...8\}$

b) $\dfrac{3}{5} \ge \dfrac{x}{20} \Rightarrow$ dopo averli portati allo stesso denominatore e dopo averlo

eliminato essendo identico, si ottiene:

$12 \ge x \Rightarrow x \le 12 \Rightarrow x \in \{0, 1,2, 3, 4, 5, 6, 7, 8, 9, 10, 11, 12 \}$

c) $\dfrac{x}{6} \le \dfrac{3}{2} \Rightarrow x \le 9 \Rightarrow x \in \{ 0, 1, 2, 3, 4, 5, 6, 7, 8, 9 \}$

d) $\dfrac{12}{x+2} \ge \dfrac{3}{5} \qquad \Rightarrow 12\cdot 5 \ge 3\cdot (x+2) \Rightarrow 4\cdot 5 \ge x+2 \Rightarrow 20-2 \ge x \Rightarrow 18 \ge x$

$\Rightarrow x \le 18 \Rightarrow x \in \{0, 1, 2,..., 18\}$

3.5 Trovare la frazione di un numero. Percentuali

Per trovare una frazione di un numero naturale si moltiplica la frazione con il numero stesso. **Esempio:** Calcolare $\frac{3}{4}$ di 80. Come si vede, abbiamo sottolineato la parola **di**; quando incontreremo la parola **di,** allora effettueremo la moltiplicazione, quindi $\frac{3}{4}$ di 80 = $\frac{3}{4} \cdot 80 =$ $3 \cdot 20$ (dopo la semplificazione) = 60 .

Per trovare una frazione di una frazione si moltiplicano le due frazioni.

Esempio: Quanto rappresenta $\frac{3}{5}$ **di** $\frac{25}{6}$? Come si vede, abbiamo sottolineato la parola **di**, per sapere che si tratta di moltiplicazione. $\frac{3}{5} \cdot \frac{25}{6} = \frac{5}{2}$ (dopo la sempificazione e dopo la moltiplicazione).

Esercizio. Calcolare: $\frac{2}{3} di 5 \frac{1}{7}$.

Il Percentuale si esprime sotto la forma di una frazione avente il denominatore 100.

a % si legge „a per cento" e sarà sempre formato di un numero.

Esempio. Quanto rappresenta 3% **di** 800 ? Come si vede, abbiamo sottolineato la parola **di** (quindi si opera la moltiplicazione) $\Rightarrow \frac{3}{100} \cdot 800 = 3 \cdot 8 = 24$

Se abbiamo percentuale di percentuale $\Rightarrow a \% di$ b % $\Rightarrow \frac{a}{100} \cdot \frac{b}{100}$ il cui sarà sempre formato di un numero, quindi avremo la moltiplicazione.

Esempi :

1) Di 1200 kg di frutti si ottiene sugo. Sapendo che si perdono 7% della quantità di frutti, quanti kg di frutti si perdono?

7% di 1200 = $\frac{7}{100} \cdot 1200 = 7 \cdot 12 = 84$ kg , quindi si perdono 84 kg .

2) Sapendo che 1 kg di frutta costa 2 lei, trovare quanti lei perdiamo se con la cernita della frutta marcia si perdono 5%. Quanti kg di frutta rimangono in seguito alla cernita, se abbiamo comprato 200 kg?

5% di 200 = $\dfrac{5}{100} \cdot 200 = 5 \cdot 2 = 10$, quindi si perdono 10 kg di frutta

cioè $2 \cdot 10 = 20$ lei

Dopo la cernita rimangono $200 - 10 = 190$ kg di frutta.

3) Una persona ha 4000 lei di cui spende 12% per acquistare una bicicletta e 4/5 dell'importo rimasto per acquistare un equipaggiamento di calcio. Quanto costa la bicicletta, quanto costa l'equipaggiamento e quanti soldi gli rimangono?

Una bicicletta costa 12% di 4000 = $\dfrac{12}{100} \cdot 4000 = 12 \cdot 40 = 480$ lei

Il resto = $4000 - 480 = 3520$ lei $\Rightarrow \dfrac{4}{5} \cdot 3520 = 4 \cdot 704 = 2816$ lei, quindi

l'equipaggiamento costa 2816 lei e sono rimasti $3520 - 2816 = 704$ lei

4) Dopo un aumento di 20% e poi un calo di 10%, un prodotto è arrivato al prezzo di 2160 lei. Quale è stato il prezzo iniziale e di quanti percentuali è stato modificato l'ultimo prezzo e in quale senso rispetto il prezzo iniziale?

Passo 1. Scriviamo con x il prezzo iniziale;

Passo 2. Poniamo il problema in equazione:

x + 20% x – 10% (x + 20% x) = 2160

Passo 3. Risoluzione dell'equazione:

$$\frac{120x}{100} - \frac{10}{100} \cdot \frac{120x}{100} = 2160 \Rightarrow \frac{120x}{100} - \frac{12x}{100} = 2160 \Rightarrow \frac{108x}{100} = 2160$$

$$\Rightarrow x = \frac{2160 \cdot 100}{108} \Rightarrow x = 2000$$

Passo 4. Interpretazione del risultato. Il prezzo iniziale è stato 2000 lei, l'ultimo prezzo essendo 2160 lei, la differenza è 160 lei quindi:

$$x\% \ 2000 = 160 \Rightarrow \frac{x}{100} \cdot 2000 = 1600 \Rightarrow x = \frac{160}{20} \Rightarrow x = 8 \Rightarrow x\% = 8\% \text{ di}$$

conseguenza, il prezzo è aumentato di 8% rispetto il prezzo iniziale.

4) Un gitante sta percorrendo 20 km in tre giorni cosi: nel primo giorno 10% della lunghezza della strada, poi, nel giorno II° 5/6 del percorso rimasto e nel III° giorno il resto. Quanti km ha percorso in ciascun giorno?

Nel primo giorno ha percorso $10\% \cdot 20 \Rightarrow \frac{10}{100} \cdot 20 = 2$ km quindi il resto è 18 km. Nel secondo giorno percorre $\frac{5}{6} \cdot 18 = 5 \cdot 3 = 15$ km, e nel III° giorno il resto: $18 - 15 = 3$ km .

3.6 Frazioni decimali

Le frazioni decimali sono le frazioni con virgola, del tipo **a,b**; **a** si dice **parte intera** e **b** si dice **parte decimale**.

Esempio: 89,123456 ; 89 si dice parte intera e 123456 si dice parte decimale; 1 si dice decimo, 2 si dice centesimo, 3 si dice millesimo, 4 decimi di millesimi, 5 centesimi di millesimi e 6 milionesimi. Possiamo scrivere non importa quanti zeri sulla destra di una frazione decimale, dopo l'ultima cifra, senza che la frazione sia modificata.

Esempio: 23,14 oppure 23,140 oppure 23,1400. Quindi, se gli ultimi decimi sono 0, si possono cancellare senza che la frazione sia modificata.

Ci sono due tipologie di frazioni decimali:
1) frazioni decimali **finite** (ad un numero finito di decimi).
    Esempio: 2, 14 ; 5, 764
2) frazioni decimali **periodiche**, le cui sono di due tipi
    a) **periodiche semplici.** Esempio. 2, (14) quindi tutte le decimali sono in parentesi, fatto che significa che si ripetono, cioè 2,(14) = 2,14141414…
    b) **periodiche miste.** Esempio. 2, 3(14) = 2,3141414…

3.6.1 Trasformazione delle frazioni ordinarie in frazioni decimali

Una frazione del cui denominatore è una potenza del 10 si scrive come frazione decimale finita ponendo una virgola al nominatore, cosi che il numero delle cifre della destra della virgola sia uguale al numero di zeri del denominatore.

Esempio: $\dfrac{1234}{1000} = 1,234$ quindi abbiamo 3 decimali, quanti zeri ci

sono al denominatore. Se il nominatore si decompone in fattori dei 2 e 5, si amplificherà in tal modo che 2 e 5 abbiano la stessa potenza perché $2^n \cdot 5^n = (2 \cdot 5)^n = 10^n$

Esempi:

1) $\dfrac{7}{40} = \dfrac{7}{2^3 \cdot 5}$ amplificheremo per 5^2 per ottenere 5^3

$$\Rightarrow \frac{7 \cdot 5^2}{2^3 \cdot 5^3} = \frac{7 \cdot 25}{10^3} = \frac{175}{1000} = 0,175$$

2) $\dfrac{123}{50}$ si amplifica per 2 e si ottiene $\dfrac{246}{100} = 2,46$ quindi amplifichiamo in tal modo che al denominatore si ottenga una potenza del 10, cioè 10 oppure 100 oppure 1000 o 10000 ecc.

3) $2\dfrac{3}{250}$ si amplifica la frazione per 4 e si ottiene $2\dfrac{12}{1000} = 2,012$.

Osserviamo che è più facile se non inseriamo gli interi nella frazione.

La trasformazione della frazione ordinaria in frazione decimale si può fare anche a tramite della divisione, però se il denominatore è composto solo di fattori di 2 e 5 sarebbe più semplice a tramite dell'amplificazione, in tale modo che 2 e 5 abbiano lo stesso esponente.

3.6.2 Trasformazione delle frazioni decimali finite in frazioni ordinarie

Una frazione decimale finita si trasforma in frazione ordinaria cosi: si scrive il numero eliminando la virgola, al nominatore si scrive una potenza del 10 ad esponente uguale al numero di decimi della frazione decimale oppure possiamo dire che mettiamo 1 seguito di tanti zeri quanti decimali ha il numero stesso.

Esempi:

1) $12,3421 = \dfrac{123421}{10000}$ 2) $113,023 = \dfrac{113023}{1000}$

3) $1000,02 = \dfrac{100002}{100}$

4) $0,2 = \dfrac{2}{10}$ 5) $0,034 = \dfrac{34}{1000}$

6) $109,8009 = \dfrac{1098009}{10000}$

3.7 Confronto delle frazioni decimali. Aprossimazioni

Per confrontare due numeri decimali, prima si confrontano le loro parti intere. Se le parti intere sono uguali, è più grande il numero decimale avente la parte intera maggiore. Se le parti intere sono uguali, si confrontano le parti decimali dopo averle portate allo stesso numero di decimali, se non hanno lo stesso numero di decimali, si aggiungono tanti zeri quanti necessari per avere lo stesso numero di cifre nella parte decimale.

Esempi:

1) Confrontate 12,3405 a 12, 37. Si osserva che abbiamo la stessa parte intera 12. Andremo a confrontare la parte decimale. La cifra dei decimi è la stessa, proseguiamo ai centesimi, la cifra dei centesimi del primo numero è 4, mentre quella del secondo numero è 7, tenuto conto che $7 > 4 \Rightarrow 12,37 > 12,3405$.

Ecco che, anche se non abbiamo aggiunto i zeri alla fine del numero , siamo riusciti a confrontare i numeri.

2) Confrontate 102,0015 cu 102,00157. La parte intera è identica. Andremo a confrontare la parte decimale: i decimi sono identici 0, i centesimi sono identici 0, il millesimo è identica 1, i decimi di millesimi sono identici 5 ed ecco, i centesimi di millesimi del primo numero mancano. Quindi, dobbiamo mettere il 0 e il primo numero diventa 102,00150. Ora è composto dallo stesso numero di decimali e, dovuto al fatto che fino alla penultima cifra le cifre sono identiche, confrontiamo l'ultima cifra dei decimali, 0 con 7. Perché 0 < 7 ⇒ 102,00150 < 102,00157. La frazione decimale non cambia se mettiamo alla fine della parte decimale un zero o più zeri. Ad esempio: 11,23= 11,230 o 11,23 = 11,2300 .

3) Confrontate 14,89 con 10,92. Perché la parte intera del primo numero e più grande: 14 > 10, non dobbiamo più confrontare anche la parte decimale ⇒ 14,89 > 10,92

Approssimazioni. Il numero 4,56 si può approssimare – per mancanza – con il 4,50, e – a tramite dell' aggiunzione – con il 4,60. Quando viene arrotondato un numero decimale, viene approssimato al valore più vicino: l'ultima cifra che rimarrà è invariata se la cifra che segue è ≤ 4 e aumenta di 1 se la cifra che segue è ≥ 5.
Esempio:
Approssimazione al decimo più vicino:
1) 1,78 sarà 1,8 perché il decimo 7 aumenta di 1 perché gli segue una cifra maggiore rispetto il 4.
2) 12, 24 ≈ 12,2 perché la cifra successiva è 4 ed è < 5

Arrotondamento entro centesimi:
1) 132,231 ≈ 132,23   2) 11,128 ≈ 11,13 al primo numero ci siamo fermati al centesimo che abbiamo perché aveva una cifra minore rispetto il 5, mentre al secondo numero il centesimo è aumentato ad 1 perché gli seguiva una cifra maggiore rispetto il 4.

3.8 Operazioni con frazioni decimali

3.8.1 Addizione e sottrazione

Per operare l'addizione o la sottrazione, i numeri decimali finiti vengono posti uno sotto l'altro cosi che le virgole occupino la stessa posizione, poi si sommano e si sottraggono nello stesso modo come i numeri naturali.

Esempi:

1) 231,32 +
12,523
243,843

2) 121,014 +
8112,13
8233,144

3) 0,0029 +
91,33
91,3329

4) 23,001 + 192,22 + 2144,5567 = ?

23,001 +
192,22
2144,5567
2359,7777

5) 154,43-38,158 = ?   Osserviamo che il secondo numero ha 3 decimali mentre il primo ne ha due. Perciò, al primo numero aggiungeremo alla fine un zero (essendo l' ultima decimale, il numero non cambia):

154,430 -
38,158
116,272

6) 0,94 – 0,6507 = ?

0,9400 –
0,6507
0,2893

3.8.2 Moltiplicazione

a) Nella moltiplicazione di un numero decimale per una potenza del 10 si sposta la virgola verso la destra oltre tante cifre quanto è l'esponente del 10.

Esempi:

$12,43561 \cdot 10^2 = 1243,561$; $101,783 \cdot 100 = 10178,3$

Se abbiamo moltiplicato per 100, si sposta la virgola oltre due cifre verso la destra perche ci sono due zeri.

$1,24 \cdot 1000 = 1240$ In questo caso dobbiamo spostare la virgola oltre due decimali verso la destra e, dato che abbiamo solo due cifre, la terza sarà il zero.

b) Due numeri decimali vengono moltiplicati cosi: si moltiplicano i due numeri essatamente come due numeri naturali, ignorando la virgola, dopo di che, al risultato si mette la virgola dalla destra alla sinistra oltre tante cifre quanti decimali hanno insieme i due numeri.

Esempio:. $26{,}31 \cdot 15{,}2 = ?$

$$26{,}31 \cdot$$
$$\underline{15{,}2}$$
$$5262$$
$$13155$$
$$\underline{2631}$$
$$399{,}912$$

3.8.3 La divisione

a) La divisione di un numero decimale ad una potenza del 10 si fa spostando la virgola verso la sinistra oltre un numero di cifre uguale all'esponete del 10. Esempio: $231{,}56 : 10^2 = 2{,}3156$; oppure, se si divide per 1000, perché ha 3 zeri, la virgola sarà spostata verso la sinistra oltre 3 cifre;

Esempio: $9234{,}132 : 1000 = 9{,}234132$; $13{,}54 : 10000 = 0{,}001354$.

Nell'ultimo caso osserviamo che la virgola deve essere spostata oltre 4 cifre perché si divide per 1000 e ha 4 zeri.

b) La divisione di un numero decimale ad un altro numero decimale si opera cosi: si sposta la virgola verso la destra, al dividendo e al divisore, oltre tante cifre quanti decimali ha il dividendo e tante quante ne ha il divisore, trasformando il divisore in numero naturale, fissando la virgola al quoto quando si arriva alla virgola al divisore.

Esempi:
1) $2{,}25 : 0{,}5 = 22{,}5 : 5 = 4{,}5$
2) $11{,}85 : 1{,}2 = 118{,}5 : 12 = 9{,}875$
3) $1{,}2 : 0{,}05 = 120 : 5 = 24$
4) $20{,}4 : 1{,}02 = 2040 : 102 = 20$
5) $1{,}024 : 0{,}32 \Rightarrow 102{,}4 : 32 = 3{,}2$

3.8.4 La potenza ad esponente natruale di un numero decimale

$$1,2^2 = 1,2 \cdot 1,2 = 1,44 \text{ oppure } 1,2^2 = \left(\frac{12}{10}\right)^2 = \frac{12^2}{10^2} = \frac{144}{100} \text{ oppure} \left(\frac{6}{5}\right)^2 = \frac{36}{25}$$

(questo successivamente alla semplificazione per 2).

3.9 Frazioni decimali periodiche

Trasformazione delle frazioni ordinarie irriducibili in frazioni decimali periodiche.

1) Se il denominatore si decompone in numeri primi diversi di 2 e 5 allora, con la divisione, la frazione si trasforma in **frazione periodica semplice.**

Esempi: 1) $\frac{2}{3} = 0,(6)$ 2) $\frac{5}{7} = 0,(7142857)$ 3) $\frac{16}{33} = 0,(48)$

Si osserva che 33 è composto dai fattori primi 3 e 11 .

2) Se il denominatore si decompone in fattori primi e accanto questi ci sono anche i fattori primi 2 o/e 5, la frazione, con la divisione, si trasforma in **frazione periodica mista.**

Esempi: 1) $\frac{7}{6} = 1,1(6)$ 2) $\frac{11}{15} = 0,7(3)$ 3) $\frac{25}{22} = 1,1(36)$

Trasformazione delle frazioni decimali periodiche in frazioni ordinarie

1) $1,1(36) = \frac{1136 - 11}{990} = \frac{1125}{990} = \frac{25}{22}$ si scrive al numeratore il numero facendo astrazione della virgola, si sottrae tutto quanto si trova fuori del periodo, e al denominatore scriviamo tante cifre 9 quanti decimali abbiamo nel periodo e tanti zeri quanti decimali abbiamo fuori del periodo.

2) $27,(478) = \frac{27478 - 27}{999} = \frac{27451}{999}$

3) $8,12(5) = \frac{8125 - 812}{900} = \frac{7313}{900}$

4) $0,23(123) = \dfrac{23123-23}{99900} = \dfrac{23100}{99900} = \dfrac{231}{999} = \dfrac{77}{333}$ (questo è il risultato in seguito alle semplificazioni).

3.10 Media aritmetica

Per calcolare la media aritmetica di un insieme di numeri, si calcola la somma dei numero e si divide al numero degli elementi dell'insieme. Si scrive m_a .

$$m_a = \frac{x_1 + x_2 + x_3 + ... + x_n}{n}$$

Esempi:

1) Calcolare la media aritmetica dei numeri: 24,1 ; 12,3; 5,2 e 3,2

$$m_a = \frac{24,1 + 12,3 + 5,2 + 3,2}{4} = \frac{44,8}{4} = 11,2$$

2) La media aritmetica di tre numeri è 20, la media aritmetica di due dei tre numeri è 25. Trovate il terzo numero.

$$\frac{a+b+c}{3} = 20 \qquad \frac{a+b}{2} = 25 \quad ; \quad c = ?$$

$a + b + c = 60$ e $a + b = 50$ Se sostituiamo nella prima uguaglianza a+b con 50 oterremo $50 + c = 60$ quindi $c = 60 - 50$, $c = 10$.

3) Di quanto si modifica la media aritmetica dei numeri 53, 54, 55, 66 se si aggiunge anche il numero 52?

$$m_a = \frac{53 + 54 + 55 + 66}{4} \Rightarrow m_a = \frac{228}{4} \Rightarrow m_a = 57$$

$$m_a = \frac{53 + 54 + 55 + 66 + 52}{5} = \frac{280}{5} = 56$$

$\Rightarrow 57 - 56 = 1$, quindi la media aritmetica diminuisce per 1.

Capitolo IV. ELEMENTI DI GEOMETRIA E UNITÀ DI MISURA

4.1 Punto. Retta. Piano

Il punto non ha dimensioni. I punti si scrivono con maiuscole.

La retta è determinata da due punti distinti. Un retta contiene un'infinito di punti.

Le rette si scrivono con minuscole (Fig. 1) oppure con due maiuscole (Fig. 2) rappresentando due punti su quella retta. La retta non è delimitata (è non limitata).

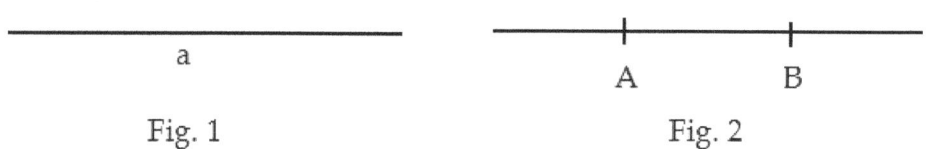

Fig. 1   Fig. 2

Tre punti sono **non colineari**, se non si trovano sulla stessa retta (Fig.3). Non possiamo dire che due punti sono non colineari, perchè qualsiasi due punti stanno determinando una retta. I punti trovati sulla stessa retta sono **colineari**.

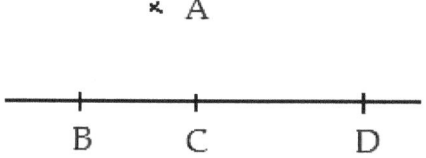

Fig. 3.   B , C ei D sono colineari. A è non colineare con B, C, D.

Il piano è una superficie vasta, è comparabile alla superficie di un tavolo. Tre punti non colineari determinano un piano. Il piano si indicano nelle rappresentazioni geometriche con lettere minuscole dell'alfabeto greco: α (alfa), β (beta), γ (gamma) ecc.

Le rette concorrenti sono le rette che si intersecano. Le rette parallele sono le rette situate nello stesso piano e che non hanno alcun punto comune.

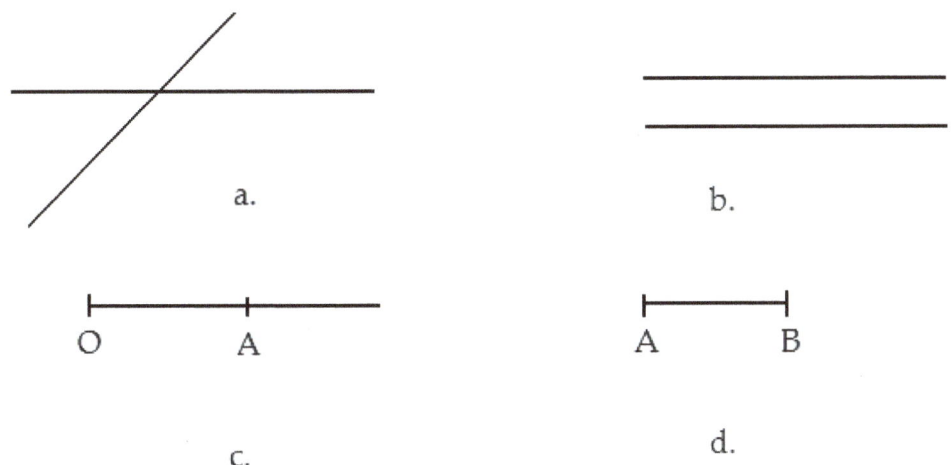

Fig. 4. a. Rette concorrenti. b. Rette parallele c. Semiretta [OA. d. Segmento [AB].

[OA si legge **semiretta** OA, è limitata dal punto O e contiene il punto A. Il punto O si dice **origine della semiretta**.

Il **Segmento** AB si scrive [AB], e la retta sulla cui si trova si dice **retta supporto**. A e B sono le estremità del segmento. La lunghezza del segmento AB è la distanza tra i punti Λ e B.

4.2 L'angolo

L'angolo è la figura geometrica composta da due semirette aventi la stessa origine. Si legge in una lettera se non esiste il pericolo di confusione, o di tre lettere (mettendo l'origine in mezzo).

Gli angoli sono:

a) acuti (minori a 90 gradi)
b) retti (90 gradi)
c) ottusi (maggiori a 90 gradi e minori a 180 gradi)

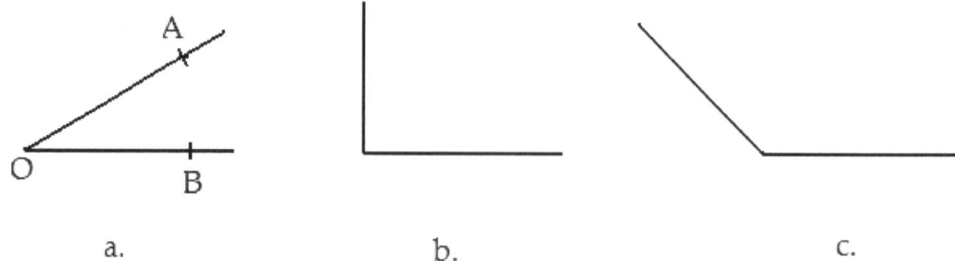

a.   b.   c.

Fig. 5. a. Angolo acuto. b. Angolo retto. c. Angolo ottuso.

Diciamo che due rette sono perpendicolari se formano un angolo retto.

4.3 Il triangolo

Il triangolo è la figura geometrica composta da tre lati e tre angoli.

Classifica dei triangoli:

I. secondo i lati:

a) triangolo scaleno, non ha alcun lato uguale all'altro, ad esempio △ ABC
(Fig. 6)

b) triangolo isoscele, è il triangolo a due lati uguali e agli angoli vicini al lato disuguale uguali, es. △ DEF

d) triangolo equilatero, è il triangolo a tutti i lati uguali e tutti gli angoli uguali, es. △ GHI

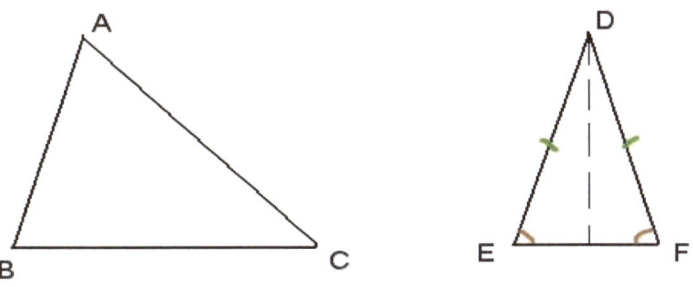

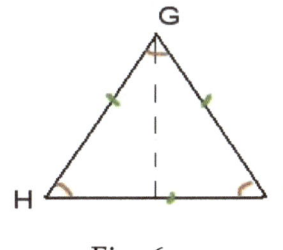

Fig. 6.

II. secondo gli angoli:

d) triangolo acutangolo, ha tutti gli angoli acuti, es. Δ JKL (Fig. 7)
e) triangolo rettangolo, ha un angolo rctto, es. Δ MNP
f) triangolo ottusangolo, ha un angolo ottuso, es. Δ RST

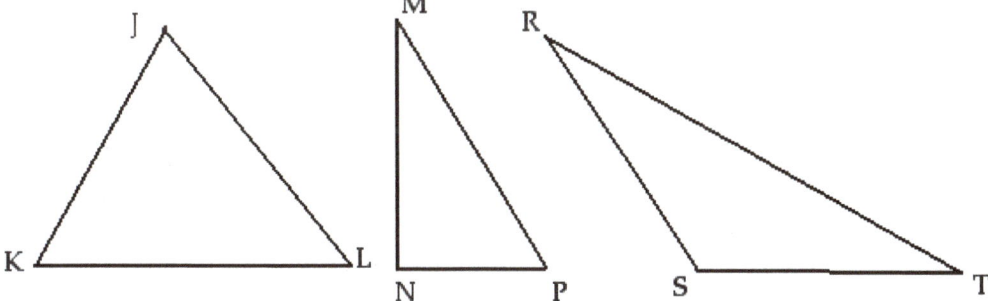

Fig. 7

La somma delle lunghezze dei lati di una figura geometrica si dice **perimetro** di quella figura.

La misura della superficie di una figura geometrica si dice **aree**. Due superfici ad aree uguali si dicono **equivalenti**.

L'altezza di un triangolo è **la perpendicolare** che congiunge **un** vertice con il lato opposto (Fig. 8).

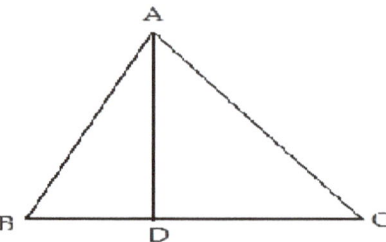

Fig. 8.

L'area del triangolo rappresenta la misura della superficie del triangolo e si calcola moltiplicando la base per l'altezza e il risultato lo dividiamo per 2.

La formula è:

$$A_{\triangle ABC} = \frac{BC \cdot AD}{2}$$

Il perimetro è la somma delle lunghezze di tutti i lati:

$$P_{\triangle ABC} = AB + AC + BC$$

4.4 Quadrilateri

Un **poligono** è una linea spezzata chiusa. Se ha tre lati si dice **triangolo**, se ne ha quattro si dice **quadrilatero**.

Gli elementi di un poligono sono: i lati del poligono, i vertici, gli angoli, i diagonali (segmenti delle cui estremità finiscono in vertici non consecutivi).

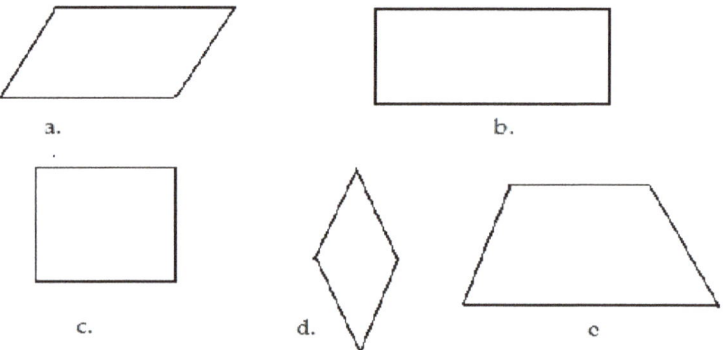

Fig. 9. a. Parallelogramma. b. Rettangolo. c. Quadrato. d. Rombo. e. Trapezio.

a) Il **Parallelogramma** è il quadrilatero avente i lati opposti paralleli due per due. I lati opposti sono anche congruenti, cioèhanno la stessa lunghezza. I lati maggiori si dicono **lunghezze** e si scrivono L e i lati minori si dicono **larghezze** e si scrivono l.

Il Perimetro (P) è la somma delle lunghezze dei lati e perché abbiamo due lunghzze (L) e due larghezze (l),

$P = 2(L + 1)$.

b) **Il rettangolo** è il parallelogramma a tutti gli angoli retti (90 gradi). Quindi ha due lunghezze (L) e due larghezze (l).

L' Area è $A = L \cdot l$. ; il Perimetro $P = 2 (L + 1)$

c) Il **Quadrato** è il rettangolo a tutti i lati uguali; veranno scritti con la minuscola l. L'area è : $A = 1^2$ e il Perimetro $P = 4l$.

d) Il **Rombo** è il parallelogramma a tutti i lati uguali.

e) Il **Trapezio** è il quadrilatero a due lati paralleli (le cui sono considerate le basi) e due lati non paralleli.

4.5 Corpi geometrici

Il **Parallelepipedo rettangolo** è la figura geometrica avente le dimensioni:

Lunghezza – rappresentata con la lettera **L**, larghezza – scritta con la lettera **l**, altezza – scritta con la lettera **h**. Il volume si calcola moltiplicando le tre dimensioni;

La formula è: $V = L \cdot l \cdot h$

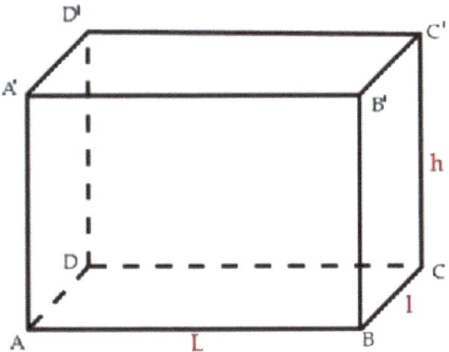

Fig. 10. Parallelepipeodo rettangolo

Il Cubo è il parallelepipedo rettangolo avente gli spigoli uguali (rappresentate graficamente con l). Tutte le facciate sono quadrate. AC e BD sono I diagonali del quadrate ABCD e sono perpendicolari nel punto O, il cui è il mezzo delle diagonali.

AB = AD = AA′ = lato del cubo = l.

Il volume si rappresenta graficamente con   V e si calcola moltiplicando la lunghezza di uno spigolo per 3 volte.

La formula è: $V = l^3$.

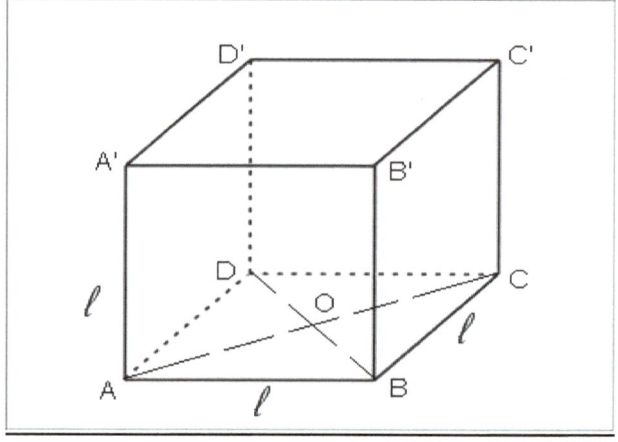

Fig. 11. Cubo

4.6. Unità di misura per la lunghezza

L'**unità di misura per la lunghezza è il metro (m)**.

Sull'asse dei numeri naturali, i numeri maggiori si scrivono sulla destra e i numeri minori sulla sinistra. Procederemo nello stesso modo nella tabella che segue.

Scriveremmo sulla destra i multipli del metro, i cui sono più grandi del metro 10 volte se si trova vicino al metro, 100 volte se è il secondo multiplo ecc. .

Sulla sinistra scriveremo i sottomultipli, i cui sono 10, 100, 1000 volte più piccoli del metro, se si trova vicino al metro è 10 volte più piccolo, se è il secondo 100 volte, se è il terzo, 1000 volte più piccolo.

Sottomultipli del metro				Multipli del metro		
1 mm	1 cm	1 dm	**1 m**	1 dam	1 hm	1 km
0,001 m	0,01 m	0,1 m	**1 m**	10 m	100 m	1000 m

Per non confondere le trasformazioni, gli alunni devono pensare nel seguente modo:

Se devono trasformare **da più** grande a più piccolo, opereranno la moltiplicazione per 10 se si trasforma nell'unità vicina, per 100 se è la seconda, per 1000 se è la terza (per ottenere un numero maggiore o più grande devo moltiplicare, questo è il motivo per cui ho sottolineato le parole **più grande** e **moltiplicazione**; quando sto trasformando, allora penso che sto trasformando da più grande a più piccolo e guardo alla prima parola: **grande,** quindi **moltiplico**).

Se devo trasformare **da più** piccolo a più grande, si opera la divisione (guardo alla prima parola che è **piccolo**, quindi sto operando la divisione) cosi: se si tratta dell'unità vicina, si divide per 10, se è la seconda si divide per 100, se è la terza, allora si divide per 1000.

Esempi:
9354,7 m = 9354,7 : 1000 km = 9,3547 km ,

Ho trasformato da più **piccolo** a più grande, la prima parola essendo **piccolo**, allora divideremo, perché dividendo otteniamo numeri più piccoli.

Pensando alla prima parola e facendo la relazione tra *piccolo* **e** *divisione* **e** *grande* **e** *moltiplicazione* **non confonderemo le trasformazioni**.

Se la prima parola è **grande,** allora penseremmo di ottenere numeri più grandi **moltiplicando**.

Esempio:
2,34 m = ……..cm

Trasformiamo da **grande** a più piccolo quindi moltiplicheremo per 100, vicino a 1 mettiamo due zeri perché il cm si trova sul 2 (secondo) posto rispetto al m, perciò moltiplicheremo per 100 e quindi:
2,34m = 2,34 · 100 cm = 234cm.

Esempio:

2546,43cm = ...dam Trasformiamo da più **piccolo** a più grande, quindi opereremo la **divisione**. Perchè il dam (decametro) è multiplo del centimetro, si trova dopo il decimetro e dopo il metro, il decametro essendo il terzo, divideremo per 10 alla potenza tre, quindi: 2546,43cm=2546,43 : 10^3 dam = 2546,43 : 1000 dam = 2,54643 dam .

5786 mm + 28dm + 34,4 dam + 346 cm + 4,8 hm = ...

Sceglieremo la trasformazione sia in dm, sia in dam perchè sono le unità di misura mediane. Se trasformiamo in în dm avremo: 5786 mm = 57,86 dm ; 34,4 dam = 344 dm ; 346 cm = 34,6 dm ; 4,8 hm = 4800 dm, quindi:

$$
\begin{array}{r}
57,86 + \\
28 \\
344 \\
34,6 \\
\underline{4800} \\
5264,46 \text{ dm}
\end{array}
$$

Un terreno avente la forma rettangolare ha la lungezza di 0,25 km e la larghezza di 5000 cm. Quanto filo metallico dobbiamo comprare se vogliamo circondare il terreno per tre volte?

Risoluzione

P = 2 (L + 1),   0,25 km = 250 m e 5000 cm = 50 m , quindi:

P = 2 (250 + 50) m ;   P = 2 · 300 m ; P = 600 m però dobbiamo circondare il terreno per 3 volte, quindi dovremo comprare 3 · 600 m = 1800 m.

4.7 Unità di misura per l'area

L' unità di misura per l' area è il metro quadrato (m^2)

I sottomultipli del metro quadrato			1 m²	I multipli del metro quadrato		
1 mm²	1 cm²	1 dm²	**1 m²**	1 dam²	1 hm²	1 km²
0,000001 m²	0,0001 m²	0,01 m²	**1 m²**	100 m²	10.000 m²	1.000.000 m²

Come si vede, se l'unità di misura si trova vicino all'unità che dobbiamo trasformare, andremo a dividere o a moltiplicare per 10^2 (perche abbiamo m²); se l'unità da trasformare sarà la seconda, allora andremo a dividere o a moltiplicare per $(10^2)^2 = 10^4 = 10.000$, e se sarà la terza rispetto all'unità che dobbiamo trasformare, andremo a dividere o a moltiplicare per $(10^3)^2 = 10^6 = 1.000.000$.

Quando dividiamo e quando moltiplichiamo? Faremo in modo simile alle operazioni che abbiamo fatto nel caso del metro. Se trasformiamo da **piccolo** in più grande, andremo a **dividere**. Guardiamo, come già detto, alla prima parola, se la parola è **piccolo**, **divideremo**, se è **grande**, andremo a **moltiplicare**.

Esempi:

1) $238 \, dm^2 = 238 : 10^2 \, m^2 = 2,38 \, m^2$

2) $1435700 cm^2 = 1435700 : 10000^2 \, hm^2 = 0,014357 \, hm^2$

3) $3,9824 \, hm^2 = 3,9824 \cdot 1000^2 \, dm^2 = 3982400 \, dm^2$

4) $19,24367 dam^2 = 19,24367 \cdot 100^2 \, dm^2 = 192436,7 \, dm^2$

1 ha (ettaro) ha 10000 m² e un ara ha 100 m²,
quindi: 1 ha = 10000 m², 1 ara = 100 m².
Queste unità di misura si utilizzano per le superfici di terreno.

Esempi :

1) Quanti metri quadrati di piastrelle dobbiamo comprare per due camere, una avente la forma di quadrato a lato di 4 m e una sotto la forma rettangolare a lunghezza di 5 m e larghezza di 2,4 m ?

Risoluzione: L'area del quadrato $= l^2$ quindi: $A_p = 4^2 m^2$, $A_p = 16 \, m^2$ e l'area del rettangolo $= l \cdot L$, quindi $A_d = 5 \cdot 2,4 \, m^2$, $A_d = 12 \, m^2$, quindi dobbiamo comprare $12 \, m^2 + 16 \, m^2 = 28 \, m^2$ de piastrelle.

2) Giovanna ha nel suo orto pomodori, peperoni e cetrioli. I peperoni sono su un terreno in forma di triangolo avente la base di 60 dm, l'altezza di 0,04 hm, su ogni $3 \, m^2$ ha 4 piante di peperoni. Sapendo che su ogni pianta crescono 2 kg di peperoni e che 1 kg di peperoni costa 2,5 lei, quanto guadagnerà su questo terreno in forma triangolare? I pomodori sono coltivati su un terreno rettangolare a lunghezza 1200 cm e larghezza 0,8 dam, su ogni m^2 ha una pianta da cui ha raccolto 3,5 kg di pomodori, sapendo che 1 kg di pomodori costa 1,5 lei, quando ha guadagnato in seguito alla vendita dei pomodori. I cetrioli sono stati venduti a 2 lei per kg e ha raccolto 3 kg d icetrioli su ogni m^2 e li ha coltivati su 0,3 are. Quanto ha guadagnato in seguito alla vendita dei cetrioli ? Quale è stato il guadagno finale?

Risoluzione

Peperoni: Dato che su ogni m^2 si sta coltivando una quantità, transformeremo tutte le dimensioni in m e poi opereremo con m^2, quindi: il triangolo ha la base 60 dm = 6 m , l'altezza 0,04 hm = 4 m, l'area del triangolo è: $A_\Delta = (b \cdot h) : 2$ cioè la base moltiplicata per l'altezza e divisa a 2, quindi $A_\Delta = (6 \text{ m} \cdot 4 \text{ m}) : 2$, $A_\Delta = 12 \text{ m}^2$

Se su ogni 3 m^2 ci sono 4 piante di peperoni, sui 12 m^2, cioè 4 · 3 m^2, avrà 4 · 4 piante, quindi 16 piante di cui raccoglierà 16 · 2 kg peperoni = 32 kg peperoni , il costo essendo 32 · 2,5 lei = 80 lei, quindi dal terreno in forma triangolare guadagna 80 lei (per i peperoni).

Pomodori: L'area del rettangolo = L · l, però dobbiamo trasformare in m^2, quindi L = 1200 cm
L = 1200 : 100 m, L = 12 m e l = 0,8 dam ,
l = 0,8 ·10, l = 8 m , quindi la superficie di pomodori sarà: 12 · 8 m^2 = 96 m^2 da cui raccoglierà 3,5 kg · 96 = 336 kg pomodori. Se 1 kg di pomodori costa 1,5 lei, allora dai 96 m^2 guadagnerà 1,5 · 336 = 504 lei.

Cetrioli: 1 ara = 100 m^2 quindi 0,3 ari = 0,3 · 100 m^2 = 30 m^2 da cui ha raccolto 3·30 kg cetrioli, cioè 90 kg $\Rightarrow$ ha guadagnato 2 · 90 = 180 lei .

Quindi il guadagno complessivo è stato:
peperoni = 80 lei
pomodori = 504 lei
cetrioli = 180 lei
764 lei

4.8. Unità di misura per il volume

L'unità di misura per il volume è il metro cubo (m^3).

La tabella che segue indica le unità di volume. Le trasformazioni si fanno similarmente alle altre trasformazioni già presentate, solo che dobbiamo tener conto che si tratta dell'esponente 3 e che se faremo trasformazioni vicine (indicate nella tabella) andremo a **moltiplicare** (se si trasforma da **maggiore** in minore) o **dividere** (se trasformiamo da **minore** in maggiore) con 10^3=1000 (ad esponente 3 perché si tratta del volume).

Se trasformiamo un'unità di volume in un'unità del luogo 2, moltiplicheremo o divideremo per 100 (2 zeri perchè è sul luogo 2 della tabella) ad esponente 3 , quindi 100^3 = 1.000.000, e se l'unità in cui si trasforma è sul luogo 3, moltiplicheremo o divideremo per 1000 ad esponente 3, quindi 1000^3=1.000.000.000, ecc.

Sottomultipli del metro cubo				Multipli del metro cubo		
1 mm³	1 cm³	1 dm³	**1m^3**	1dam^3	1 hm³	1 km³
0,000000001 m³	0,000001 m³	0,001m³	**1 m³**	1000 m³	1.000.000 m³	1.000.000.000 m³

Esempi :

1) 0,15 dm^3= 0,00015m^3 . Abbiamo trasformato da più **piccolo** a più grande, quindi **dividiamo** e le due unità sono vicine quindi divideremo per 10 ad esponente 3, tenuto conto che si tratta di volume.

2) 0,08 hm^3 = 80000m^3, cioè 0,08hm^3 = 0,08 · $100^3 m^3$, 100 perché m è il secondo rispetto hm e 3, tenuto conto che si tratta di volume; facciamo la **moltiplicazione** perche trasformiamo da **mggiore** a minore.

3) 35970612 cm^3= 35970612 : $1000^3 m^3$= 0,035970612 m^3 . Abbiamo diviso, perché trasformiamo da **minore** a maggiore, abbiamo diviso per

1 seguito da 3 zeri perché dam si trova sul terzo luogo rispetto cm, ad esponente 3 perché si tratta di volume.

4) Un parallelepipedo rettangolare ha le seguenti dimensioni : lunghezza (L) = 350 cm , larghezza (l) = 1,2m e altezza (h) = 20 dm. Quale è il volume del parallelepipedo?

Perché l'unità dm si trova tra cm e m, trasformeremo in dm:

L = 350 cm = 350 : 10 dm =35 dm

l = 1,2 m = 1,2 · 10 dm = 12 dm $\Rightarrow V = L \cdot l \cdot h$

h = 20 dm $\Rightarrow V = 35 dm \cdot 12 dm \cdot 20 dm$ $\Rightarrow V = 8400$ dm^3 = $8,4 m^3$

5) Un cubo avente lo spigolo 0,004 hm ha il volume .... dm .

Trasformiamo 0,004 hm a dm , moltiplichiamo perchè trasformiamo da maggiore a minore, moltiplichiamo per 1000, mettiamo tre zeri perche dm si trova sul terzo posto rispetto hm, quindi lo spigolo ha la lunghezza 4 dm e $V = l^3 = 4^3 dm^3 = 64 dm^3$.

4.9 Unità di misura per la capacità

L' **unità di misura per la** capacità è il litro (l). **Un litro è uguale ad un decimetro cubo.**

Sottomultipli del litro				Multipli del litrulo		
1 ml	1 cl	1 dl	**1 l**	1 dal	1 hl	1 kl
0,001 l	0,01 l	0,1 l	**1 l**	10 l	100 l	1000 l

1) Quale è la capacità di un cubo avente lo spigolo 200 cm ?

Il volume del cubo è a^3 se lo spigolo è a, però la capacità si misura in litri e, dato che il litro è uguale a un dm^3, dobbiamo trasformare da cm a dm.

200 cm = 20 dm , quindi V$_{cub}$= $20^3 dm^3$ $\Rightarrow V = 8000 dm^3$ $\Rightarrow$ V = 8000 l .

2) Quale è la capacità di un parallelepipedo rettangolare se ha le dimensioni: L = 0, 008 hm , l = 0,05 dam e h = 600 mm?

V$_{parallelepipedo}$= $L \cdot l \cdot h$ però la capacità si misura in litri e, dato che 1 l 1 = 1 dm^3 , trasformeremo le dimensioni in dm:

L = 0,008 · 1000 dm , L = 8 dm

l = 0,05 · 100 dm   , l = 5 dm

h = 600 : 100 dm   , h = 6 dm

$V_{parallelepipedo} = \mathbf{L \cdot l \cdot h}$

$\Rightarrow V_{parallelepiped} = 8dm \cdot 5dm \cdot 6dm \Rightarrow V_{parallelepipedo} = 240dm^3 \Rightarrow$ V = 240 l

4.10 Unità di misura per la massa

L'unità di misura per la massa è il gramo (g)

Sottomultipli del gramo				Multipli del gramo		
1 mg	1 cg	1 dg	**1 g**	1 dag	1 hg	1 kg
0,001 g	0,01 g	0,1 g	**1 g**	10 g	100 g	1000 g

Esempi :

1) 2020 dg + 3020 dag + 28 hg = …… kg

2020 dg = (2020 : 10.000) kg = 0,202 kg

3020 dag = (3020 : 100) kg = 30,2 kg

28 hg = (28 : 10) kg = 2,8 kg

$\Rightarrow$ 0,202 kg + 30,2 kg + 2,8 kg = 33,202 kg

2) Giovanna ha comprato 0,15 hg pepe, 1,2 dag foglie di alloro e 231 cg timo. Quanti grami di spezie ha comprato Giovanna?

0,15 hg pepe = 15 g pepe

1,2 dag fogli alloro = 12 g fogli alloro

231 cg timo = 2,31 g timo

$\Rightarrow$ 15 g + 12 g + 2,31 g = 29,31 g spezie.

4.11 Unità di misura per il tempo

L' unità di misura del tempo è il secondo (s).

1 minuto (min) = 60 s, si può scrivere anche: 1′ = 60″

1 ora (h) = 60 min, oppure 1 h = 60′ = 60 · 60″ = 3600″

1 giorno (d) = 24 h = 24 · 60' = 1440' = 1440·60" = 86400"

1 settimana = 7 giorni

1 anno = 365 oppure 366 giorni nell'anno bisestile (quando il mese di febbraio è di 29 giorni)

1 decennio = 10 anni

1 secolo = 100 anni

1 millennio = 1000 anni

L'anno 2011 è stato un anno bisestile ?

Dobbiamo vedere se il mese di febbraio è stato di 29 giorni oppure di 28 giorni. Se il mese di febbraio è stato di 29 giorni, allora l'anno 2011 sarebbe stato bisestile, però, perché il 4 non divide il 2011, significa che l'anno 2011 non è stato bisestile, perché il mese di febbraio di 29 giorni è una volta a 4 anni; quindi se le ultime due cifre dell'anno dividono per 4, allora significa che quel anno è un anno bisetstile. 2012, 1988, 2004, ecc.

www.ingramcontent.com/pod-product-compliance
Lightning Source LLC
Chambersburg PA
CBHW050737180526
45159CB00003B/1261